园艺园林专业系列教材

# 园艺植物组织培养技术

周玉珍 主 编

苏州大学出版社

图书在版编目(CIP)数据

园艺植物组织培养技术/周玉珍主编.—苏州:苏州大学出版社,2009.3(2018.1重印)
(园艺园林技术系列教材)
ISBN 978-7-81137-218-2

Ⅰ.园… Ⅱ.周… Ⅲ.园林植物-组织培养-高等学校-教材 Ⅳ.S680.1

中国版本图书馆 CIP 数据核字(2009)第 023425 号

---

## 园艺植物组织培养技术

周玉珍 主编

责任编辑 孙茂民

---

苏州大学出版社出版发行
(地址:苏州市十梓街1号 邮编:215006)
丹阳市兴华印刷厂印装
(地址:丹阳市胡桥镇 邮编:212313)

---

开本 787mm×1 092mm 1/16 印张 7.75 字数 184 千
2009 年 3 月第 1 版 2018 年 1 月第 6 次印刷
ISBN 978-7-81137-218-2 定价:18.00 元

---

苏州大学版图书若有印装错误,本社负责调换
苏州大学出版社营销部 电话:0512-65225020
苏州大学出版社网址 http://www.sudapress.com

## 园艺园林专业系列教材编委会

顾　　问：蔡曾煜
主　　任：成海钟
副 主 任：钱剑林　潘文明　唐　蓉　尤伟忠
委　　员：袁卫明　陈国元　周玉珍　华景清
　　　　　束剑华　龚维红　黄　顺　李寿田
　　　　　陈素娟　马国胜　周　军　田松青
　　　　　仇恒佳　吴雪芬　仲子平

# 前 言

近年来,随着我国经济社会的发展和人们生活水平的不断提高,园艺园林产业发展和教学科研水平获得了长足的进步,编写贴近园艺园林科研和生产实际需求、凸显时代性和应用性的职业教育与培训教材便成为摆在园艺园林专业教学和科研工作者面前的重要任务。

苏州农业职业技术学院的前身是创建于1907年的苏州府农业学堂,是我国"近现代园艺与园林职业教育的发祥地"。园艺技术专业是学院的传统重点专业,是"江苏省高校品牌专业",在此基础上拓展而来的园林技术专业是"江苏省特色专业建设点"。该专业自1912年开始设置以来,秉承"励志耕耘、树木树人"的校训,培养了以我国花卉学先驱章守玉先生为代表的大批园艺园林专业人才,为江苏省乃至全国的园艺事业发展作出了重要贡献。

近几年来,结合江苏省品牌、特色专业建设,学院园艺专业推行了以"产教结合、工学结合,专业教育与职业资格证书相融合、职业教育与创业教育相融合"的"两结合两融合"人才培养改革,并以此为切入点推动课程体系与教学内容改革,以适应新时期高素质技能型人才培养的要求。本套教材正是这一轮改革的成果之一。教材的主编和副主编大多为学院具有多年教学和实践经验的高级职称的教师,并聘请具有丰富生产、经营经验的企业人员参与编写。编写人员围绕园艺园林专业的培养目标,按照理论知识"必须、够用"、实践技能"先进、实用"的"能力本位"的原则确定教学内容,并借鉴课程结构模块化的思路和方法进行教材编写,力求及时反映科技和生产发展实际,力求体现自身特色和高职教育特点。本套教材不仅可以满足职业院校相关专业的教学之需,也可以作为园艺园林从业人员技能培训教材或提升专业技能的自学参考书。

由于时间仓促和作者水平有限,书中错误之处在所难免,敬请同行专家、读者提出意见,以便再版时修改!

**园艺园林专业系列教材编写委员会**

# 编写说明

近40年来，植物组织培养技术得到了迅速发展，并在园艺植物种苗生产等领域得到了广泛的应用，试管苗快繁与脱病毒是目前植物组织培养应用最多、最广泛和最有效的一个方面。60年代，用兰花茎尖离体培养脱病毒植株后，国内外相继建立了兰花试管苗工厂并实现了试管苗的产业化，园艺植物中蝴蝶兰、红掌、草莓、马铃薯等的应用脱毒与离体快繁技术，从根本上解决了品种退化问题。在我国从事植物组织培养的人数和实验室面积均居世界前列，随着经济的发展，国外种苗企业进入国内市场，对组培从业技术人员的需求扩大，急需培养在生产一线从事操作的高级技术人才与管理人才，解决生产中的实际问题，因此在高职高专院校的园艺、园林技术及相关专业开设了植物组织培养技术课程。为了满足相关专业和课程的需要，结合教学与实际生产工作要求，苏州农业职业技术学院组织学院内从事组织培养教学、科研、生产的教师与专家编写了《园艺植物组织培养技术》一书。

《园艺植物组织培养技术》是结合高职高专园艺、园林技术及相关专业的学生进行教学与实训要求而编写的，兼顾知识的系统性，强化技能的实用性，侧重园艺植物试管苗快速繁殖技术与工厂化生产技术的内容介绍和基本操作技能的训练，力图使学生及相关从业人员通过本书的学习，逐步掌握植物组织培养技术。本书共分七章，每章设有导读、小结与复习思考题，便于学生复习掌握，部分章节设有案例分析。其中绪论、第一至第三章介绍了植物组织培养发展简史、组织培养基本技术、植物脱毒技术和植物组织培养的工厂化生产技术；第四至六章详细介绍蝴蝶兰、红掌、石刁柏、马铃薯、草莓和葡萄应用植物组织培养技术进行优质种苗生产的过程；第七章为技能实训内容。其中绪论、第一、二章由副主编李成慧编写，第三章和第七章由主编周玉珍编写，第四、五、六章由副主编朱旭东编写，最后由周玉珍教授统稿，并由成海钟教授主审。

本书编写过程中得到蔡曾煜教授、姚昆德研究员等许多老师和同行的支持与帮助，在此一并致谢。鉴于见闻所限，编写时间仓促，错误之处难免，敬请批评指正。

编　者

# 目录

## 第0章 绪 论
- 0.1 组织培养的概念 …………………………………………………… 001
- 0.2 植物组织培养的发展简史 …………………………………………… 003
- 0.3 植物组织培养在农业生产中的应用 ………………………………… 003

## 第1章 植物组织培养的基本技术
- 1.1 植物组织培养实验室的建立 ………………………………………… 007
- 1.2 培养基的配制及灭菌 ………………………………………………… 018
- 1.3 外植体的采集与处理 ………………………………………………… 035
- 1.4 培养条件 ……………………………………………………………… 042
- 1.5 培养的过程 …………………………………………………………… 045

## 第2章 脱毒技术
- 2.1 病毒检测 ……………………………………………………………… 054
- 2.2 脱毒方法 ……………………………………………………………… 057
- 2.3 脱毒苗的培育 ………………………………………………………… 063

## 第3章 植物组织培养的工厂化生产
- 3.1 工厂化生产设施和设备 ……………………………………………… 066
- 3.2 工厂化生产的技术和工艺 …………………………………………… 071
- 3.3 组培苗工厂机构设置及各部门岗位职责 …………………………… 074
- 3.4 组培工厂设计主要技术参数 ………………………………………… 075
- 3.5 生产规模与生产计划 ………………………………………………… 076
- 3.6 组培苗的生产成本与经济效益概算 ………………………………… 077

## 第 4 章　花卉组织培养

### 4.1　蝴蝶兰的组织培养 ················································· 080
### 4.2　红掌的组织培养 ··················································· 085

## 第 5 章　蔬菜组织培养

### 5.1　马铃薯的组织培养 ················································· 089
### 5.2　石刁柏的组织培养 ················································· 093

## 第 6 章　果树组织培养

### 6.1　草莓的组织培养 ··················································· 096
### 6.2　葡萄的组织培养 ··················································· 100

## 第 7 章　技能训练

### 7.1　培养基母液的配制 ················································· 103
### 7.2　培养基配制与灭菌 ················································· 105
### 7.3　植物组织培养的无菌操作程序 ······································· 108
### 7.4　菊花茎尖培养 ···················································· 109

## 附录 1　组织培养常用英文缩略语 ·············································· 111

## 附录 2　常用植物生长激素浓度单位换算表 ······································ 113

## 参考文献 ································································ 114

# 第0章 绪 论

**本章导读**

本章主要介绍组织培养的概念、类型及特点,简要介绍组织培养发展史和组织培养技术在农业生产实践中的应用。

## 0.1 组织培养的概念

### 0.1.1 植物组织培养的概念

高等植物的组织培养技术是指分离一个或数个体细胞或植物体的一部分在无菌条件下培养的技术。通常我们所说的广义的组织培养,是指通过无菌操作分离植物体的一部分即外植体(explant),接种到培养基上,在人工控制的条件下进行培养,使其生成完整的植株。植物组织培养的过程见图绪-1。

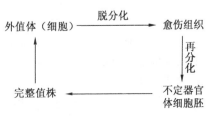

图绪-1 植物组织培养的过程示意图

### 0.1.2 植物组织培养的种类

植物组织培养可分为以下5种:
1. 植株培养
植株培养是对完整植株材料的培养,如幼苗及较大植株的培养。
2. 器官培养
器官培养是对离体器官的培养,根据植物和需要的不同,可以包括分离茎尖、茎段、根尖、叶片、叶原基、子叶、花瓣、雄蕊、雌蕊、胚珠、胚、子房、果实等外植体的培养。

**3. 组织或愈伤组织培养**

组织或愈伤组织培养为狭义的组织培养，是对植物体的各部分组织进行培养，如茎尖分生组织、形成层、木质部、韧皮部、表皮组织、胚乳组织和薄壁组织等的培养；或是对由植物器官培养产生的愈伤组织（一团形态、结构、功能尚处于未分化状态的具有较强分生能力的薄壁组织细胞）进行培养，二者均通过再分化诱导形成植株。

**4. 细胞培养**

细胞培养是对离体单细胞或花粉单细胞或很小的细胞团的培养。

**5. 原生质体培养**

原生质培养是对原生质体的培养。

组织培养不仅从理论上为相关学科提出了可靠的实验证据，而且成为一种大规模、批量工厂化生产种苗的新方法。

## 0.1.3 组织培养的特点

组织培养是20世纪发展起来的一门新技术，由于科学技术的进步，尤其是外源激素的应用，使组织培养不仅从理论上为相关学科提出了可靠的实验证据，而且一跃成为一种大规模、批量工厂化生产种苗的新方法，并在生产上得到越来越广泛的应用。植物组织培养之所以发展迅速，应用的范围广泛，是因为它具备以下几个特点：

**1. 培养条件可以人为控制**

植物组织培养摆脱了大自然中四季、昼夜的变化以及灾害性气候的不利影响，且条件均一，对植物生长极为有利，便于稳定地进行周年培养生产。

**2. 生长周期短，繁殖率高**

植物组织培养可人为控制培养条件，植株也比较小，往往20d～30d为一个周期。所以，虽然植物组织培养需要一定设备及能源消耗，但由于植物材料能按几何级数繁殖生产，故总体来说成本低廉，且能及时提供规格一致的优质种苗或脱病毒种苗。

**3. 管理方便，利于工厂化生产和自动化控制**

植物组织培养是在一定的场所和环境下，人为提供一定的温度、光照、湿度、营养、激素等条件，极利于高度集约化和高密度工厂化生产，也利于自动化控制生产。它是未来农业工厂化育苗的发展方向，它与盆栽、田间栽培等相比，不仅省去了中耕除草、浇水施肥、防治病虫害等一系列繁杂劳动，而且可以大大节省人力、物力及田间种植所需要的土地。

总之，正是由于植物组织培养技术具有以上特点，人们可以按照自己的意愿，通过组织培养方式去分化、生产自己所需要的植物产品，为人类造福。我们学习植物组织培养的原理和技术就是为了掌握这门学科，为生产实践服务，为发展民族经济服务。

## 0.2 植物组织培养的发展简史

20世纪初,Schleiden和Schwann提出细胞学说,1902年德国植物学家哈布兰特(Haberlandt)提出植物细胞全能性的理论,1912年,Haberlandt的学生Kotte和美国的Robbins在根尖培养中获得了组织培养的成功。1934年,美国的White由番茄根建立了第一个活跃生长的无性繁殖系,并于1937年建立了第一个组织培养的综合培养基,定名为White培养基。因此,Cautheret、White和Nobecourt一起被誉为组织培养学科的奠基人。White于1943年出版了《植物组织培养手册》,使植物组织培养成为一门新兴的学科。20世纪40年代,Skoog和我国学者崔澂明确了腺嘌呤与生长素的比例是控制芽和根形成的主要条件之一。

Miller等人于1956年发现激动素可以代替腺嘌呤,效果可增加3万倍。1952年,Morel和Martin通过茎尖分生组织的离体培养,在大丽花中首次获得无病毒植株。1960年,Cocking等人用真菌纤维素酶分离植物原生质体获得成功。1960年,Morel利用兰花的茎尖培养,实现了脱毒和快速繁殖两个目的,这一技术导致欧洲、美洲和东南亚许多国家兰花工业的兴起。1962年,Muraskige和Skoog发表了关于促进烟草组织快速生长的培养基组成的论文,文中提及的培养基就是目前广泛使用的MS培养基。1971年,Takebe等在烟草上首次由原生质体获得了再生植株。1962年,印度Guha等人成功地在毛叶曼陀罗花药的培养中,由花粉诱导得到单倍体植株。1960年,Morel提出了一个离体无性繁殖兰花的方法,建立起兰花工业。1973年,Carlson等通过两个烟草物种之间原生质体融合,获得了第一个体细胞杂种。我国学者在植物组织培养方面也作出了一定的贡献,如崔澂、李继侗的玉米根尖培养,罗士韦的幼胚和茎尖培养,李正理的离体胚培养,王伏雄的幼胚培养。

## 0.3 植物组织培养在农业生产中的应用

自哈布兰特(G. Haberlandt)提出植物细胞全能性理论,即一个植物细胞具有产生一个完整植株的固有能力后,在无数科学家的努力下以及进行离体培养以来,经过100多年的历程,才使这项技术趋于完善、成熟。近40年来,植物组织培养技术得到了迅速发展,已渗透到植物生理学、病理学、药学、遗传学、育种以及生物化学等各个研究领域,成为生物学科中的重要研究技术和手段之一,并广泛应用于农业、林业、工业、医药业等多种行业,产生了巨大的经济效益和社会效益,已成为当代生物科学中最有生命力的一门学科。其中在农业上的应用主要有以下几个方面:

## 0.3.1 植物育种上的应用

目前,国内外已把植物组织培养普遍应用于作物育种,并在以下几个方面取得了较大进展:

1. 单倍体育种

单倍体植株往往不能结实,在培养基中用秋水仙素处理,可使染色体加倍,成为纯合二倍体植株,这种培养技术在育种上的应用称为单倍体育种。单倍体育种具有高速、高效率、基因型一次纯合等优点,因此,通过花药或花粉培养的单倍体育种,已经作为一种崭新的育种手段问世,并已开始育成大面积种植的作物新品种。在单倍体育种方面,我国科学家作出了突出贡献。1974年就培育成了世界上第一个作物新品种——单育1号烟草品种。随后又育成了中花8号水稻和京花1号、京单92-2097小麦等大面积栽培的作物新品种,还获得了多种作物的大量花培新品系。河南省在花培育种方面卓有成效,培育出了花培28、花培2321、峡麦1号、豫麦1号、豫麦37号、花9、花特早、豫麦60号等优良品种(系),已累计推广700多万亩,在全国名列前茅。

2. 胚胎培养

在植物种间杂交或远缘杂交中,杂交不孕给远缘杂交带来了许多困难。而采用胚的早期离体培养可以使胚正常发育并成功地培养出杂交后代,可以通过无性系繁殖获得数量较多、性状一致的群体,胚培养已在50多个科属中获得成功。远缘杂交中,可把未受精的胚珠分离出来,在试管内用异种花粉在胚珠上萌发受精,产生的杂种胚在试管中发育成完整植株,此法称为"试管受精"。用胚乳培养可以获得三倍体植株,为诱导形成三倍体植物开辟了一条新途径。三倍体加倍后可得到六倍体,可育成多倍体新品种。

3. 细胞融合

通过原生质体融合,可部分克服有性杂交的不亲和性,而获得体细胞杂种,从而创造新种或育成优良品种。这是组织培养应用最诱人的一个方面,目前已获得40多个种间、属间甚至科间的体细胞杂种、愈伤组织,有些还进而分化成苗。目前,采用原生质体融合技术已经能从不杂交的植物中,如番茄和马铃薯、烟草和龙葵、芥菜等获得属间杂种,但这些杂种尚无实际应用价值。随着原生质体融合、选择、培养技术的不断成熟和发展,今后可望获得更多有一定应用价值的经济作物体细胞杂种及新品种。

4. 基因工程

用基因工程的方法,把目标基因切割下来并通过载体使外来基因整合进植物的基因组是完全有可能的,这项研究如果获得成功,将克服作物育种中的盲目性,而变成按人们的需要操纵作物的遗传变异,育成优良品种。目前这项研究刚刚起步,加上植物的遗传背景比原核生物更为复杂,因此,要用基因工程实现作物改良,以增加产量和改善品质,将是21世纪需要解决的一个问题。

5. 培养细胞突变体

无论是愈伤组织培养还是细胞培养,培养细胞均处在不断分生状态,容易受培养条件和外界压力(如射线、化学物质等)的影响而产生诱变,从中可以筛选出对人们有用的突变体,从而育成新品种。尤其对原来诱发突变较为困难、突变率较低的一些性状,用细胞培养进行诱发、筛选和鉴定时,处理细胞数远远多于处理个体数,因此一些突变率极低的性状有可能从中选择出来。例如,植物抗病虫性、抗寒、耐盐、抗除草剂毒性、生理生化变异等的诱发,为进一步筛选和选育提供了丰富的变异材料。目前,用这种方法已筛选到抗病、抗盐、高赖氨酸、高蛋白、矮秆高产的突变体,有些已用于生产。

## 0.3.2 植物脱毒和快速繁殖上的应用

植物脱毒和离体快速繁殖是目前植物组织培养应用最多、最有效的一个方面。很多农作物都带有病毒,特别是无性繁殖植物,如马铃薯、甘薯、草莓、大蒜等。但是,感病植株并非每个部位都带有病毒,White 早在 1943 年就发现植物生长点附近的病毒浓度很低甚至无病毒。如果利用组织培养方法,取一定大小的茎尖进行培养,再生的植株有可能不带病毒,从而获得脱病毒苗,再用脱毒苗进行繁殖,则种植的作物就不会或极少发生病毒。目前组织培养在甘蔗、菠萝、香蕉、草莓等主要经济作物上已成功应用。取用的外植体已不仅限茎尖,其他如侧芽、鳞片、叶片、球茎、根等都可以应用。

由于组织培养法繁殖作物的突出特点是快速,因此,对一些繁殖系数低、不能用种子繁殖的"名、优、特、新、奇"作物品种的繁殖,意义更大。对于脱毒苗、新育成、新引进、稀缺育种、优良单株、濒危植物和基因工程植株等可通过离体快速繁殖,同时可不受地区、气候的影响,以比常规方法快数万倍到数百万倍的速度扩大繁殖,及时提供大量优质种薯和种苗。马铃薯茎类脱毒、无毒种苗和微型脱毒种薯已在马铃薯生产上广泛应用,从根本上解决了马铃薯的退化问题。目前,观赏植物、园艺作物、经济林木、无性繁殖作物等部分或大部分都用离体快繁提供苗木,试管苗已出现在国际市场上并形成产业化。

## 0.3.3 植物种质资源保存和交换上的应用

农业生产是在现有种质资源的基础上进行的,由于自然灾害和生物之间的竞争以及人类活动对大自然的影响,已有相当数量的植物物种在地球上消失或正在消失。具有独特遗传性状的生物物种的绝迹是一种不可挽回的损失。利用植物组织和细胞法低温保存种质,可大大节约人力、物力和土地,同时也便于种质资源的交换和转移,防止有害病虫的人为传播,给保存和抢救有用基因带来了希望。例如,胡萝卜和烟草等植物的细胞悬浮物,在 -20℃ ~ -196℃ 的低温下贮藏数月,尚能恢复生长,再生成植株。

总之,植物组织培养是生物工程的基础和关键环节之一,它在农业生产中的实际应用越来越广泛,发挥的作用也越来越重要。

本章小结

高等植物的组织培养技术是指分离一个或数个体细胞或植物体的一部分在无菌条件下培养的技术。通常我们所说的广义的组织培养,是指通过无菌操作分离植物体的一部分

（即外植体），接种到培养基上，在人工控制的条件下进行培养，使其生成完整的植株。植物组织培养的种类有植株培养、器官培养、组织或愈伤组织培养、细胞培养和原生质体培养。植物组织培养的特点主要有：培养条件可以人为控制；生长周期短，繁殖率高；管理方便，利于工厂化生产和自动化控制。在农业生产中的应用主要体现在植物育种、植物脱毒和快速繁殖以及植物种质资源的保存和交换上。

  复习思考

1. 植物组织培养的概念是什么？
2. 植物组织培养的种类和特点是什么？
3. 植物组织培养在农业生产中有哪些应用？

# 第 1 章 植物组织培养的基本技术

**本章导读**

通过学习了解植物组织培养实验室建立所需条件;掌握各培养基配方的特点和使用范围;了解培养基的组成成分、各成分的功能和使用方式及注意事项;熟练掌握培养基母液和常用 MS 培养基的配制方法和步骤,熟练掌握培养基的灭菌方法;了解培养条件的控制和培养过程。

在进行植物组织培养工作之前,首先应对工作中需要哪些最基本的设备条件有个全面的了解,以便因地制宜地利用现有房屋,或新建、改建实验室。实验室的大小取决于工作的目的和规模。在设计组织培养实验室时,应按组织培养程序来设计,避免某些环节倒排,引起日后工作混乱。植物组织培养是在严格无菌的条件下进行的。要做到无菌的条件,需要一定的设备、器材和用具,同时还需要人工控制温度、光照、湿度等培养条件。

## 1.1 植物组织培养实验室的建立

### 1.1.1 植物组织培养实验室的设计

建立植物组织培养实验室所需的投资较大,建成后的运转费用和维护费用也比较高,所以必须做好实验室的设计。下面,将从实验室选址、布局、环境等方面进行讨论,所有设计的重点都必须围绕在防止培养过程中污染的措施上。

**一、实验室选址**

实验室应该选择大气条件良好、空气污染少、无水土污染的地方,水源要充足、清洁,能保证制出质量符合标准的纯水,而且要供电充足、通信方便、交通运输便利。

**二、实验室总体布局**

新建植物组织培养实验室或利用已有的房屋、建筑物进行规划改造时,应将实验室总体按使用的性质进行归类,分区布置。按实验室区、温室区、苗圃、行政、生活区等来划区。严重空气污染源应处于主导风向的下风侧。实验室、区的布局要合理,做到工作方便、污染减少、节省能源、使用安全、整齐美观。

### 三、绿化的总体布局

实验室周围应绿化,尽量减少露土面积。宜种植草坪,种植树木以常青树为主,不宜种花,因为花开时有花粉飞扬,会造成污染。不能绿化的道路应铺成不起尘土的水泥硬化地面。

## 1.1.2 植物组织培养实验室的设计要求

### 一、保证绝对清洁

如果工作面上和空气中有尘埃和微生物孢子就会造成污染,将会使植物组织培养受到损失,因此,保持植物组织培养实验室洁净是组织培养成败的最基本要求。为了减少污染,实验室设计时最好要设计走道。实验室的设备应当设有防尘装置。从外面带进的空气应当让其通过一个高效微粒空气过滤器,或安装一种能产生正风压的装置。

### 二、尽量利用自然光

培养室最好布置在房屋的南面,除南面设置大窗户外,东边或西边也要有大窗户,以便尽量利用自然光。

### 三、具有较好封闭性

培养室空间应小,房门也应小。最好安装成滑门,便于保温,节省能源。接种室空间也应稍小,最好备有准备小间,以便更换衣帽等。接种室门也应装成滑门。

### 四、有防护设施

实验室应设置纱窗等防止昆虫、鸟类、鼠类等动物进入的设施。

### 五、有人工光照

实验室内的光照度一般不低于300lx。

### 六、供、排水合理分布

实验室内安装的洗手池、下水道的位置要适宜,不能对植物组织培养带来污染。下水道开口位置应对实验室的洁净度影响最小,并有可以避免污染的措施。

### 七、有温、湿度控制

接种室、培养室、称量室和储藏室内应设置能确保与其洁净度相应的控制温度和湿度的设备。

## 1.1.3 植物组织培养实验室的组成

一个标准的植物组织培养实验室应当包括:普通实验室(洗涤室、准备室)、无菌接种室、恒温培养室、观察培养情况并作记录的细胞学实验室等。在实际中可结合可行条件,合并一部分。实验室的大小和设置可根据自己的工作性质和规模自行设计,其中最主要的是无菌操作室和恒温培养室。

## 一、普通实验室

植物组织培养和试管苗生产所用的各种器具的洗涤、干燥和保存,药品的称量、溶解、配制,培养基的分装、包扎和灭菌,植物材料的预处理,培养材料的观察分析等操作都在普通实验室中进行。从普通实验室到培养室和接种室应能方便地进出。普通实验室一般划分为洗涤室和准备室。

洗涤室用于完成玻璃器皿等的清洗、干燥和贮存。室内应配备大型水槽,最好是白瓷水槽。为防止碰坏玻璃器皿,可铺垫橡胶。上、下水道要畅通。备有塑料筐,用于运输培养器皿。备有干燥架,用于放置干燥洁净的培养器皿。

准备室要求明亮、通风。在准备室内要完成培养基制备以及试管苗出瓶、清洗与整理工作。如果房间较多,可将准备室分为洗涤室和配置室两部分。洗涤室专门负责试管苗出瓶与培养器皿的清洗工作;配置室则负责培养基的配制、分装、包扎和高压灭菌等工作。

为完成培养基的制备工作,准备室还应配备以下仪器设备:

(1) 工作台,其高度应方便配制工作。

(2) 药品柜,用于放置常用药品(图1-1-1)。

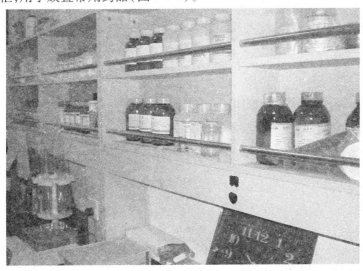

图1-1-1　药品柜

(3) 普通冰箱,主要用于贮存母液、各种易变质、易分解的化学药品以及植物材料等。

(4) 电子分析天平和托盘天平。电子分析天平,用于称取大量元素、微量元素、维生素、激素等微量药品,精确度为0.000 1g;托盘天平用于称取用量较大的糖和琼脂等,其精确度为0.1g。天平应放置在干燥、不受震动的天平操作台上(图1-1-2)。

(5) 电蒸馏水器。电蒸馏水器,采用硬质玻璃或金属制成。蒸馏水用于配制母液或培养基,配制培养基可用自来水来代替,若实验要求严格的话,则须用蒸馏水,也可以用净水

图1-1-2　分析天平

器代替(图1-1-3)。

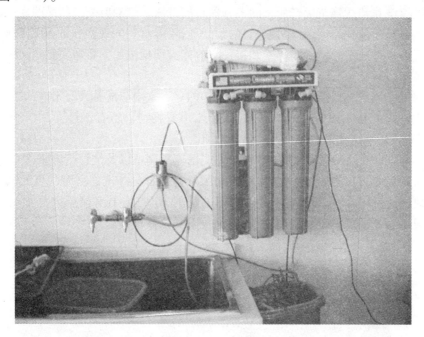

图1-1-3 净水器

(6)磁力搅拌器。磁力搅拌器用于快速搅拌难溶的物质,如各种化学物质、琼脂粉等。磁力搅拌器还可加热,使之更利于溶解(图1-1-4)。

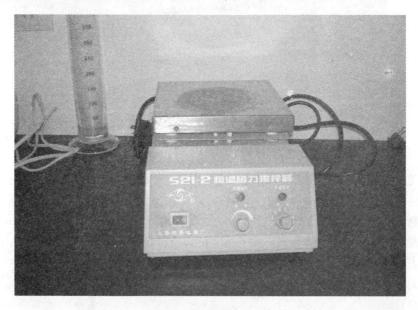

图1-1-4 磁力搅拌仪

(7)恒温水浴锅。恒温水浴锅用于难溶药品的加热溶解、琼脂的融化等。
(8)电炉或电饭锅。电炉的功率为1 500w或2 000w,并配有不锈钢锅。电饭锅的功率为1 000w,用于琼脂的融化。

（9）酸度计。组织培养中培养基 pH 的准确度是十分重要的,应当使用酸度计。若无酸度计,也可使用 pH 试纸进行粗测。首次使用酸度计前,应用标准液调节定位,然后固定。测量 pH 时,待测液必须充分搅拌均匀。如果培养基温度过高,测量时要调整酸度计上的温度旋钮使之和培养基温度相当。注意保护好玻璃电极,用后电极应用蒸馏水冲洗净,盖上电极帽（图 1-1-5）。

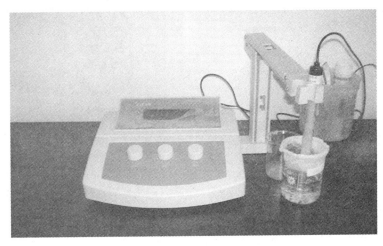

图 1-1-5　PH 计

（10）培养基分装设备。小型操作时可采用烧杯直接分装。大型实验室可采用医用"下口杯"作为分装工具,在"下口杯"的下口管上套一段软胶管,加一弹簧止水夹,使用时非常合适。更大规模或要求更高效率时,可考虑采用液体自动定量灌注设备（图 1-1-6）。

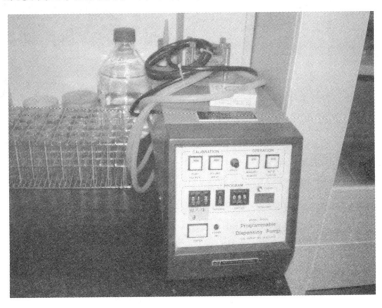

图 1-1-6　培养基灌装机

（11）高压灭菌锅。用于进行培养基和器械用具的灭菌。小规模实验室可选用小型手提式高压灭菌锅。如果是连续的大规模生产，应选用大型立式的或卧式的高压灭菌锅。通常以电作能源(图1-1-7、8)。

图 1-1-7　立式灭菌锅

图 1-1-8　卧式灭菌锅

（12）恒温培养箱。用于植物材料的培养，其内有温度感受器，控制箱内温度到所调指标。生化培养箱还配有光照装置(图1-1-9)。

图 1-1-9　恒温培养箱

图 1-1-10　烘箱

（13）烘箱。用于干燥洗净的玻璃器皿，也可用于干热灭菌和测定干物重。用于干燥玻璃器皿需保持80℃～100℃；进行干热灭菌需保持150℃，达1 h～3 h；若测定干物重，则温度应控制在80℃烘干至完全干燥为止(图1-1-10)。

## 二、无菌接种室

接种室是进行植物材料的分离接种及培养物转移的一个重要操作室。其无菌条件的好坏对组织培养成功与否起重要作用。

在工作方便的前提下，接种室宜小不宜大，一般7 m²～8 m²，要求地面、天花板及四壁尽可能密闭光滑，易于清洁和消毒。配置拉动门，以减少开、关门时的空气流动。接种室要求干爽、安静,清洁明亮。在适当位置吊装1~2盏紫外线灭菌灯,用以照射灭菌。最好安装一小型空调,使室温可控,这样可使门窗紧闭,减少与外界空气对流。接种室应设有缓冲间,面积以2m²为宜,进入无菌操作室前,应在此更衣换鞋,以减少进出时带入接种室杂菌。缓冲间最好也安一盏紫外线灭菌灯,用以照射灭菌。

接种室的主要设备及用具有:

(1) 接种箱。在投资少的情况下,可以用接种箱来代替超净台。接种箱依靠密闭、药剂熏蒸和紫外灯照射来保证内部空间无菌。但操作活动受限制,准备时间长,工作效率低。

(2) 操净工作台,又称操净台,是植物组织培养最常用、最普及的无菌操作设备。其优点是操作方便自如,比较舒适,工作效率高,准备时间短。开机10min即可操作,可进行长时间使用。在工厂化生产中,接种工作量很大,需要经常长久地工作时,超净台是很理想的设备。超净台功率在145w~260w左右,它装有小型鼓风机,使空气穿过一个前置过滤器,在这里把大部分空气尘埃先过滤掉,然后再使空气穿过一个细致的高效过滤器,它除去了大于0.3μm的尘埃、细菌和真菌孢子等,最后以较洁净的气流吹到工作台面。超净空气的流速为每分钟24m~30m,这已足够防止附近空气袭扰而引起的污染,这样的流速也不会妨碍采用酒精灯对器械等的灼烧消毒。在这样的无菌条件下操作,就可以保证无菌材料在转移接种过程中不受污染。超净台分水平式和垂直式两种型号(图1-1-11、12)。

图1-1-11 双人操净台

图1-1-12 单人操净台

(3) 解剖镜。种类较多,用于分离微茎尖可采用双筒实体解剖镜。双筒解剖镜在分离茎尖等较小组织时,便于观察、操作,通常放大5~80倍。如果放大40倍以上,则操作需要有相当熟练的技术和较好的工具。为进行操作,要有照明装置。解剖镜上带有照相装置,根据需要随时对所需材料进行摄影记录。

(4) 无菌操作用的器具。单人超净台需有:酒精灯1个;20cm~25cm长的医用镊子1把;4号解剖刀1把,解剖刀片若干;15cm医用剪1把;250mL广口瓶1只,内放酒精,用于浸泡镊子、刀、剪等;用于架放灼烧过的刀、镊子的小架若干(图1-1-13、14、15、16)。

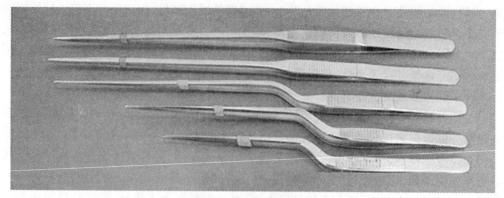

图 1-1-13　不锈钢接种镊

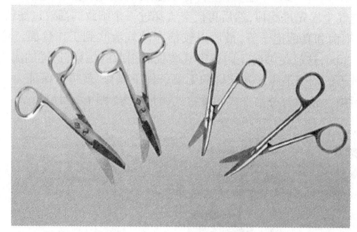

图 1-1-14　接种剪刀

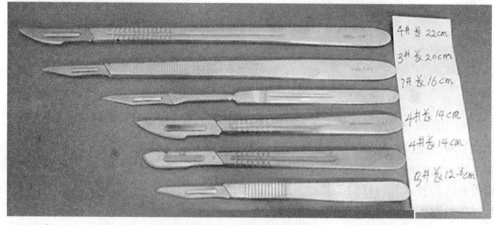

图 1-1-15　不锈钢接种刀柄

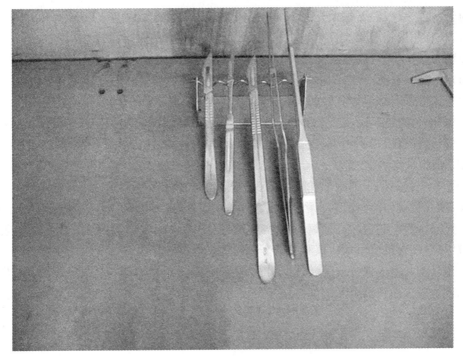

图1-1-16 刀(镊)架

### 三、恒温培养室

恒温培养室是将接种的材料进行培养生长的场所。培养室的大小可根据需要培养架的大小、数目及其他附属设备而定。其设计以充分利用空间和节省能源为原则。高度比培养架略高为宜,周围墙壁要求有绝热防火的性能。

培养材料放在培养架上培养。培养架可以是木质的、钢质的或其他材料制成的,培养架的高度根据培养室的高度而定,以充分利用空间。以研究为主的培养室,一般每个架设6层,总高200cm,每30cm为一层,架宽以60cm较好;以生产、扩繁为目的的培养室,培养架可高些,可借助梯子来摆放培养容器。培养架上一般每层都要安装玻璃板,以使各层培养物都能接受到更多的散射光照。通常在每层培养架上安装40w的日光灯照。日光灯一般安放在培养物的上方或侧面,日光灯距上层搁板4cm~6cm,每层安放2~6支灯管,每管相距20cm,此时光照度为2 000lx~3 000lx,以满足大部分植物的光照需求(图1-1-17)。

图1-1-17 培养架

培养室最重要的因素是温度,一般保持在20℃~27℃左右,具备产热装置,并安装窗式或立式空调机。由于热带植物和寒带植物等不同种类要求不同温度,最好不同种类有不同的培养室。室内湿度也要求恒定,相对湿度以保持在70%~80%为好,可安装加湿器。控制光照时间可安装定时开关钟,一般需要每天光照10h~16h,也有的需要连续照明。短日照植物需要短日照条件,长日照植物需要长日照条件。现代组培实验室大多设计为采用天然太阳光照作为主要能源,这样不但可以节省能源,而且组培苗接受太阳光后生长良好,易驯化成活。在阴雨天可用灯光作补充。

对于需要进行悬浮培养的材料,培养室还应设有摇床。可选择往复或旋转式的,必要时可设置温光可控式摇床。培养室内应保持整洁,切忌堆放无关物品。有条件的可装置细菌过滤装置,这样可以控制污染。还可根据植物培养的种类放置摇床、转床等培养装置。

**四、细胞学实验室**

细胞学实验室用于细胞学和组织学观察培养,可根据需要和条件配备显微镜、解剖镜、恒温箱、切片机、烤片台、恒温水浴、滴瓶、染色缸、超速与高速离心机、核酸与蛋白质序列测定仪、分子成像仪、超速与高速离心机、氨基酸成分分析仪、高压液相色谱仪、毛细管电泳仪、电激仪、聚合酶台反应(PCR)仪和万能显微镜等仪器设备。

细胞学实验室应保持安静、清洁、明亮,保证精密仪器不振动、不受潮、不污染、无干扰,最大限度地减少由仪器引起的偶然误差。

## 1.1.4　必要的器皿

**一、玻璃器皿**

长时间培养和贮存药液用的玻璃器皿,要求由碱性溶解度小的硬质玻璃制成,而且能耐高温灭菌。

1. 培养器皿

装入培养基进行植物材料的培养,根据培养目的和要求不同,可以采用不同种类和规格的玻璃器皿(图1-1-18、19)。

图1-1-18　培养容器

图1-1-19　培养容器

(1)试管。试管占空间小,但放置不稳,需用铁丝框固定,适于最初消毒材料转接和初次继代培养,要求口径较大,高度较低,一般以2cm×15cm、2.5cm×15cm、3cm×15cm的为宜。

(2)三角烧瓶,又叫锥形瓶。因培养面积大,受光好,易放置,在植物组织培养中最常用。其规格有50mL、100mL、150mL、200mL等。购置三角烧瓶时,应选瓶口较大、口壁平滑较厚的(瓶口薄的是化学上滴定用的,易破,最好不要购置)。

（3）培养皿。在无菌材料分离、滤纸灭菌、种子发芽、病毒鉴定中常用,其规格有直径6cm、9cm、12cm的。

（4）广口培养瓶。常用作试管苗的大量繁殖,一般用200mL～500mL的规格。

（5）扁瓶。形状有长方形或圆形,大小规格不一,其优点是可以从瓶外用显微镜观察植物细胞分裂和生长情况。

培养器皿在植物组织培养中用量大且易损坏,也是试管苗成本高的原因之一。近年来一些地方在大量进行试管繁殖时,为降低成本,用水果罐头瓶、果酱瓶、大口咳嗽糖浆瓶代替,因瓶口大,操作方便,可提高功效,减少材料损耗,加上透光好、空间大,材料生长健壮。分装培养基和灭菌前先将瓶子预热,防止高压灭菌时瓶子破损,以及严格的无菌操作,可减少污染。

2. 盛装器皿

配制培养基时,各药品的溶解、贮备均需要各种规格的烧杯、试剂瓶等。大烧杯用于溶化培养基,成本高,易破,可用搪瓷饭盆或脸盆代替。

3. 计量器皿

母液的配制、药液的分装、吸取需要玻璃计量器皿。

（1）容量瓶。用于配制标准溶液,常用的规格有50mL、100mL、500mL、1 000mL。

（2）量筒。用于量取一定体积的液体,常用的规格有25mL、50mL、100mL、200mL、500mL、1 000mL。

（3）吸管。用于吸取液体,调节培养基pH和定容时使用。

（4）移液管。用于精确量取一定体积的液体,常用的规格有1mL、5mL、10mL。

其他玻璃器皿如滴瓶、称量瓶、玻璃棒、漏斗、玻璃管、注射器等实验室常用器皿也应具备。

## 二、金属器械

组织培养常用的金属器械,可选用医疗器械或微生物实验所用的器械。

（1）镊子类。常用医疗上的镊子。根据操作需要有各种类型,若用100mL的三角瓶作为培养瓶,可用20cm长的镊子。镊子过短,容易使手接触瓶口,造成污染;镊子太长,使用起来不灵活。如在分离茎尖幼叶时,则用钟表镊子。尖头镊子适用于解剖和分离植物叶表皮组织;枪形镊子,由于其腰部弯曲,适合于转移外植体和培养物。

（2）解剖刀。有活动的和固定的两种。前者可以更换刀片,适用于分离培养物;后者适用于较大外植体的解剖。切割较小材料和分离茎尖分生组织时,可用解剖刀。刀片要经常调换,使之保持锋利状态,否则切割时会造成挤压,引起周围细胞组织大量死亡,影响培养效果。

（3）剪刀类。常用的有眼科剪、手术剪、长约18cm～25cm的弯头剪,特别适于试管内剪取茎段。坚硬植物枝条的取材和剪取则要用修枝剪。

（4）解剖针。可深入到培养瓶中,转移细胞或愈伤组织,也可用于分离微茎尖的幼叶。可以自制。

## 1.2 培养基的配制及灭菌

### 1.2.1 培养基的成分

目前,无论是液体培养还是固体培养,大多数植物组培中所用的培养基都是由无机物、碳源和能源物质、维生素、植物生长调节物质以及附加物等几大类物质构成。

培养基的成分主要可以分水、无机营养素、有机化合物、天然复合物、培养体的支持材料等五大类。

1. 水

水是植物原生质体的组成成分,也是一切代谢过程的介质和溶媒。它是生命活动过程中不可缺少的物质。配制培养基母液时要用蒸馏水,以保持母液及培养基成分的精确性,防止贮藏过程发霉、变质。大规模生产时可用自来水,但在少量研究上尽量用蒸馏水,以防成分的变化引起不良效果。

2. 无机营养素

培养基中的无机营养素包括大量元素和微量元素。大量元素是指浓度大于 0.5mmol/L 的元素,有 C、H、O、N、P、K、Ca、Mg、S、Cl 等。其作用分述如下:

(1) 氮(N)是蛋白质、酶、叶绿素、维生素、核酸、磷脂、生物碱等的组成成分,是生命不可缺少的物质。在制备培养基时以硝态氮和氨态氮两种形式供应。大多数培养基既含有硝态氮又含氨态氮,氨态氮对植物生长较为有利。供应的物质有 $KNO_3$、$NH_4NO_3$、$Ca(NO_3)_2$ 等。有时以硝态氮为主,另外补加 $(NH_4)_2SO_4$ 以满足酸性植物的需要。氮也是植物胚胎发育的必需物质之一。一般情况下,营养培养基中至少需要含有各为 25mmol/L 的硝酸盐和钾盐,铵盐的含量超过 8mmol/L 对培养物有毒害作用,但对常规的愈伤组织培养和细胞悬浮培养来说,若硝态氮和铵态氮同时存在,则培养基中的总氮量可提高到 60mmol/L。

(2) 磷(P)是植物必需的元素之一,是磷脂的主要成分。而磷脂又是原生质、细胞核的重要组成部分。磷也是 ATP、ADP 等的组成成分,在植物的生理过程中参与核酸、蛋白质的合成、光合作用、呼吸作用以及能量的贮存、转化与释放等。在植物组织培养过程中,向培养基内添加磷,不仅增加养分、提供能量,而且也促进对 N 的吸收,增加蛋白质在植物体内的积累。常用的物质有 $KH_2PO_4$ 或 $NaH_2PO_4$ 等。

(3) 钾(K)对碳水化合物合成、转移以及氮素代谢等有密切关系。K 增加时,蛋白质合成增加,维管束、纤维组织发达,对胚的分化有促进作用。但浓度不易过大,一般为 1mg/L~3mg/L 为好。制备培养基时,常以 KCl、$KNO_3$ 等盐类提供。

(4) 镁(Mg)、硫(S)、钙(Ca)是叶绿素的组成成分,又是激酶的活化剂;S 是含 S 氨基酸和蛋白质的组成成分。它们常以 $MgSO_4 \cdot 7H_2O$ 提供。用量为 1mg/L~3mg/L 较为适宜;Ca 是构成细胞壁的一种成分,Ca 对细胞分裂、保护质膜不受破坏有显著作用,常以

$CaCl_2 \cdot 2H_2O$ 提供。

微量元素：指小于 0.5mmol/L 的元素,包括 Fe、B、Mn、Cu、Mo、Co、Zn 等。对于此类元素而言,一般需要量在 0.5mol/L~0.7mol/L,稍多则产生危害。铁是一些氧化酶、细胞色素氧化酶、过氧化氢酶等的组成成分。同时,它又是叶绿素形成的必要条件。培养基中的铁对胚的形成、芽的分化和幼苗转绿有促进作用。在制作培养基时不用 $Fe_2(SO_4)_3$ 和 $FeCl_3$(因 $Fe^{3+}$ 在 pH5.2 以上时易形成 $Fe(OH)_3$ 的不溶性沉淀),而用 $FeSO_4 \cdot 7H_2O$ 和 $Na_2$-EDTA 结合成螯合物使用。B、Mn、Zn、Cu、Mo、Co 等,也是植物组织培养中不可缺少的元素,缺少这些物质会导致生长发育异常。

总之,植物必需营养元素可组成结构物质,也可以是具有生理活性的物质,如酶、辅酶以及作为酶的活化剂,参与活跃的新陈代谢。此外,在维持离子浓度平衡、胶体稳定、电荷平衡等电化学方面起着重要作用。当某些营养元素供应不足时,愈伤组织表现出一定的缺素症状,如缺氮,会表现出一种花色素苷的颜色,不能形成导管;缺铁,细胞停止分裂;缺硫,表现出非常明显的褪绿;缺锰或钼,则影响细胞的生长。

3. 有机化合物

培养基中若只含有大量元素与微量元素,常称为基本培养基。为实现不同的培养目的,往往要在基本培养基中加入一些有机物以利于外植体的快速生长。常加入的有机成分主要有以下几类：

(1) 碳水化合物

最常用的碳源有蔗糖、葡萄糖和果糖。他们可支持许多组织很好地生长。麦芽糖、半乳糖、甘露糖和乳糖在植物体细胞培养中也有应用,麦芽糖在花药培养时具有较好的促进作用。糖类在培养基中除了作为碳源和能源物质外,还具有维持培养基一定渗透压的作用。大多数植物细胞对蔗糖的要求是:浓度在 1%~5%,常用 3%,即配制 1L 培养基取 30g 蔗糖。有时可用 2.5%,但在胚培养时采用 4%~15% 的高浓度,因蔗糖对胚状体的发育起重要作用。不同糖类对生长的影响不同,不同植物不同组织的糖类需要量也不同,实验时要根据配方规定按量称取,不能任意取量。高压灭菌时一部分糖发生分解,制定配方时要给予考虑。在大规模生产时,可用食用的绵白糖代替。一般来说,蔗糖作为碳源和渗透剂的比例约为 3:1~3:2,即约有 1/4~2/5 的蔗糖用于维持培养基的渗透压。

(2) 维生素

这类化合物在植物细胞里主要是以各种辅酶的形式参与多种代谢活动,对生长、分化等有很好的促进作用。虽然大多数的植物细胞在培养中都能合成所必需的维生素,但在数量上还明显不足,通常需加入一至数种维生素,以便获得最良好的生长。主要有维生素 $B_1$(盐酸硫胺素)、维生素 $B_6$(盐酸吡哆醇)、维生素 pp(烟酸)、维生素 C(抗坏血酸)、有时还使用生物素、叶酸、维生素 $B_2$ 等。一般用量为 0.1mg/L~1.0mg/L。有时用量较高。维生素对愈伤组织的产生和生活力有重要作用,维生素 $B_6$、维生素 pp 能促进根的生长,维生素 pp 与植物代谢和胚的发育有一定关系。维生素 C 有防止组织褐变的作用。

(3) 肌醇

肌醇又叫环己六醇。肌醇在糖类的相互转化中起重要作用,通常可由磷酸葡萄糖转化而成,还可进一步生成果胶物质,用于构建细胞壁。肌醇与 6 分子磷酸残基相结合形成植酸,植酸与钙、镁等阳离子结合成植酸钙镁,植酸可进一步形成磷脂,参与细胞膜的构建。使用浓度一般为50mg/L～100mg/L,适当使用肌醇,能促进愈伤组织的生长以及胚状体和芽的形成。对组织和细胞的繁殖、分化有促进作用,对细胞壁的形成也有作用。

(4) 氨基酸

氨基酸是很好的有机氮源,可直接被细胞吸收利用。培养基中最常用的氨基酸是甘氨酸,其他的如精氨酸、酪氨酸、谷氨酸、谷酰胺、天冬氨酸、天冬酰胺、丙氨酸等也常用。它们是培养基中重要的有机氮源。甘氨酸能促进离体根的生长,对其他组织培养物的生长也有较好的促进效果,一般用量是2mg/L～3mg/L;丝氨酸和谷氨酰胺有利于花药胚状体或不定芽的分化。有时应用水解乳蛋白或水解酪蛋白,它们是牛乳用酶法等加工的水解产物,是含有约20种氨基酸的混合物,对胚状体、不定芽或多胚的分化具有良好的促进作用。用量在10mg/L～1 000mg/L之间。由于它们营养丰富,极易被污染。如在培养中无特别需要,以不用为宜。

4. 天然复合物

此类物质成分比较复杂,大多含氨基酸、激素、酶等一些复杂化合物。它对细胞和组织的增殖与分化有明显的促进作用,但对器官的分化作用不明显。它的成分大多不清楚,很难保证重复制取,所以一般应尽量避免使用。

椰乳:是椰子的液体胚乳。它是使用最多、效果最大的一种天然复合物。一般使用浓度在10%～20%,或者是100ml/L～150ml/L。使用浓度的大小与其果实成熟度及产地关系也很大。它在愈伤组织和细胞培养中有促进作用。在马铃薯茎尖分生组织和草莓微茎尖培养中起明显的促进作用,但茎尖组织的大小若超过1mm时,椰乳就不发生作用。

香蕉:用量为150ml/L～200ml/L。用黄熟的小香蕉,加入培养基后变为紫色。其作用是提供一些必要的微量元素、生理活性物质和生长激素等;此外,香蕉泥对培养基的pH缓冲作用较大。主要在兰花的组织培养中应用,对幼苗发育有促进作用。

马铃薯:去掉皮和芽后,加水煮30min,再经过过滤,取其滤液使用。用量为150g/L～200g/L。对pH缓冲作用也大。添加后可得到健壮的植株。

水解酪蛋白:为蛋白质的水解物,主要成分为氨基酸,使用浓度为100mg/L～200mg/L。受酸和酶的作用易分解,使用时要注意。

酵母提取液(0.01%～0.05%):主要成分为氨基酸和维生素类,如麦芽提取液(0.01%～0.5%)、苹果和番茄的果汁、黄瓜的果实、未熟玉米的胚乳等,遇热较稳定,大多在培养困难时使用,有时有效。

5. 植物激素

植物激素是植物新陈代谢中产生的天然化合物,它能以极微小的量影响到植物的细胞分化、分裂、发育,影响到植物的形态建成、开花、结果、成熟、脱落、衰老和休眠以及萌发等许许多多的生理、生化活动。在培养基的各成分中,植物激素是培养基的关键物质,对植物组织培养起着决定性作用。其中以生长素类和细胞分裂素类最为常用。

(1) 生长素类:在组织培养中,生长素主要被用于诱导愈伤组织形成,诱导根的分化和促进细胞分裂、伸长生长、产生胚状体。在促进生长方面,根对生长素最敏感,在极低的浓度下,就可促进生长,其次是茎和芽。生长素类物质配合一定比例的细胞分裂素可以诱导芽和不定芽的产生。天然的生长素热稳定性差,高温、高压或受光条件易被破坏。在植物体内也易受到体内酶的分解。组织培养中常用人工合成的生长素类物质。

IAA(吲哚乙酸)是天然存在的生长素,也可人工合成,其活力较低,是生长素中活力最弱的激素,对器官形成的副作用小,高温高压易被破坏,也易被细胞中的 IAA 分解酶降解,受光也易分解。使用浓度以 1mg/L~10mg/L 最常用。

NAA(萘乙酸)在组织培养中的起动能力要比 IAA 高出 3~4 倍,且由于可大批量人工合成,耐高温、高压,不易被分解破坏,所以应用较普遍。NAA 和 IBA 广泛用于生根,并与细胞分裂素互作促进芽的增殖和生长。NAA 有利于单子叶植物的分化。

IBA(吲哚丁酸)是促进发根能力较强的生长调节物质。

2,4-D(2,4-二氯苯氧乙酸)起动能力比 IAA 高 10 倍,特别在促进愈伤组织的形成上活力最高,低浓度的 2,4-D 有利于胚状体的分化。但它强烈抑制芽的形成,影响组培幼苗形态发生,故一般在诱导分化中就很少使用(但在禾本科及某些单子叶植物的培养中,2,4-D 却能对器官的分化有较好的促进效果)。2,4-D 适宜的用量范围较狭窄,一般为 0.5mol/L~0.7mol/L,过量常有毒效应。生长素配制时可先用少量 95% 酒精助溶。2,4-D 可用 0.1mol/L 的 NaOH 或 KOH 助溶。

以上生长素作用能力的强弱顺序为:2,4-D > NAA > IBA > IAA。

(2) GA(赤霉素):有 20 多种,生理活性及作用的种类、部位、效应等各有不同,培养基中添加的是 GA3,主要用于促进幼苗茎的伸长生长,促进不定胚发育成小植株;赤霉素和生长素协同作用,对形成层的分化有影响,当生长素与赤霉素的比值高时有利于木质部分化,比值低时有利于韧皮部分化;此外,赤霉素还用于打破休眠,促进种子、块茎、鳞茎等提前萌发。一般在器官形成后,添加赤霉素可促进器官或胚状体的生长。

赤霉素溶于酒精,配制时可用少量 95% 酒精助溶。赤霉素不耐热,高压灭菌后将有 70%~100% 失效,应当采用过滤灭菌法加入。

(3) 细胞分裂素类:这类激素是腺嘌呤的衍生物,包括 6-BA(6-苄基氨基嘌呤)、KT(激动素)、ZT(玉米素)、2-iP(2-异戊烯腺嘌呤)、噻重氮苯基脲(TDZ)等。这些激素的作用是促进细胞分裂与分化,延缓组织衰老,增强蛋白质的合成,抑制顶端优势,促进侧芽生长以及显著改变其他激素的作用。就发挥同一生理效应的处理浓度比较,它们作用的强弱顺序是:TDZ > 4PU > ZT > 2-iP > 6-BA > KT,常用的是人工合成的、性能稳定的、价格适中的 KT 和 6-BA,二者最适宜的浓度为:0.6mol/L~0.7mol/L。

在培养基中添加细胞分裂素有三个作用:诱导芽的分化促进侧芽萌发生长,细胞分裂素与生长素相互作用,当组织内细胞分裂素与生长素的比值高时,诱导愈伤组织或器官分化出不定芽,促进细胞分裂与扩大,抑制根的分化。因此,细胞分裂素多用于诱导不定芽的分化,茎、苗的增殖,而避免在生根培养时使用。

生长素与细胞分裂素的比例决定着发育的方向,是愈伤组织、长根还是长芽。如为了促进芽器官的分化,应除去或降低生长素的浓度,或者调整培养基中生长素与细胞分裂素的比例。

生长调节物质的使用量甚微,一般用 mg/L 表示浓度。在组织培养中生长调节物质的使用浓度,因植物的种类、部位、时期、内源激素等的不同而异,一般生长素浓度的使用为

0.05mg/L~5mg/L,细胞分裂素为 0.05mg/L~10mg/L。

6. 培养体的支持材料

（1）琼脂。琼脂是一种由海藻中提取的高分子碳水化合物,本身并不提供任何营养。在固体培养时琼脂是最好的固化剂——在常温下使培养基呈凝固状态,不参与植物细胞的任何代谢过程。因此,琼脂在组培中一直被作为首选固体培养基质而广泛应用。琼脂能溶解在热水中,成为溶胶,冷却至40℃即凝固为固体状凝胶。通常所说的"煮化"培养基,就是使琼脂溶解于90℃以上的热水。琼脂的用量为6g/L~10g/L,若浓度太高,培养基就会变得很硬,营养物质难以扩散到培养的组织中去。若浓度过低,凝固性不好。新买来的琼脂最好先试一下它的凝固力。一般琼脂以颜色浅、透明度好、洁净的为上品。对于质量较差的琼脂（如色黄、杂质多）,在使用前最好用蒸馏水洗涤以减少其中的无机盐和可溶性有机物的含量。为了获得比较干净的琼脂,可将干琼脂450g 放在6L 的大瓶中,加蒸馏水 5L 和吡啶0.5g,2h 后过滤,再用蒸馏水清洗三遍,放入酒精中浸泡过夜后取出晾干备用。琼脂的凝固能力除与原料、厂家的加工方式有关外,还与高压灭菌时的温度、时间、pH 等因素有关,长时间的高温会使凝固能力下降,过酸、过碱加之高温会使琼脂发生水解,丧失凝固能力。存放时间过久,琼脂变褐,也会逐渐丧失凝固能力。

加入琼脂的固体培养基与液体培养基相比优点在于操作简便,通气问题易于解决,便于经常观察研究等,但它也有不少缺点,如培养物与培养基的接触（即吸收）面积小,各种养分在琼脂中扩散较慢,影响养分的充分利用,同时培养物排出的一些代谢废物,聚集在吸收表面,对组织产生毒害作用。市售的各种琼脂几乎都含有杂质,特别是 Ca、Mg 及其他微量元素。因此,在研究植物组织或细胞的营养问题时,则应避免使用琼脂,可在液体培养基表面安放一个无菌滤纸制成的滤纸桥,然后在滤纸桥上进行愈伤组织培养。

（2）其他。有玻璃纤维、滤纸桥、海绵等,总的要求是排出的有害物质对培养材料没有影响或影响较小。

7. 抗生物质

抗生物质有青霉素、链霉素、庆大霉素等,用量在 5mg/L~20mg/L 之间。添加抗生物质可防止菌类污染,减少培养中材料的损失,尤其是快速繁殖中,常因污染而丢弃成百上千瓶的培养物,采用适当的抗生素便可节约人力、物力和时间。尤其对大量通气长期培养,效果更好。对于刚感染的组织材料,可向培养基中注入5%~10%的抗生素。抗生素各有其抑菌谱,要加以选择试用,也可两种抗生素混用。但是应当注意抗生素对植物组织的生长也有抑制作用,可能某些植物适宜用青霉素,而另一些植物却不大适应。值得提醒的是,在工作中不能以为有了抗生素,而放松灭菌措施。此外,在停止抗生素使用后,往往污染率显著上升,这可能是原来受抑制的菌类又滋生起来造成的。

8. 抗氧化物

植物组织在切割时会溢泌一些酚类物质,接触空气中的氧气后,自动氧化或由酶类催化氧化为相应的醌类,产生可见的茶色、褐色或黑色,这就是酚污染。这些物质渗出细胞外就造成自身中毒,使培养的材料生长停顿,失去分化能力,最终变褐死亡。在木本,尤其是热带木本及少数草本植物中较为严重。目前还没有彻底完善的办法,只能按不同的实际情况,加用一些药物,并适当降低培养温度、及时转移到新鲜培养基上等办法,使之有不同程度的缓解,当然像严格选择外植体部位、加大接种数量等也应一并考虑。

抗酚类氧化常用的药剂有半胱氨酸及维生素C,可用50mg/L~200mg/L的浓度洗涤刚切割的外植体伤口表面,或过滤灭菌后加入固体培养基的表层。其他抗氧化剂有二硫苏糖醇、谷胱甘肽、硫乙醇及二乙基二硫氨基甲酸酯等。

9. 活性炭

活性炭为木炭粉碎经加工形成的粉沫结构,它结构疏松,孔隙大,吸水力强,有很强的吸附作用。在培养基中加入活性炭就是利用其吸附能力来吸附培养基中的一些有害物质以减轻其带来的负面影响。活性炭颗粒大小决定着吸附能力,粒度越小,吸附能力越大。温度低吸附力强,温度高吸附力减弱,甚至解吸附。通常使用浓度为0.5mg/L~108mg/L(0.02%~0.1%,尤其以0.1%~0.5%更常用)。它可以吸附非极性物质和色素等大分子物质,包括琼脂中所含的杂质,培养物分泌的酚、醌类物质以及蔗糖在高压消毒时产生的5-羟甲基糠醛及激素等。茎尖初代培养,加入适量活性炭,可以吸附外植体产生的致死性褐化物;其效力优于维生素C和半胱氨酸;在新梢增殖阶段,活性炭可明显促进新梢的形成和伸长,但其作用有一个阀值,一般为0.1%~0.2%,不能超过0.2%。

活性炭在生根时有明显的促进作用,其机理一般认为与活性碳减弱光照有关,可能是由于根顶端产生促进根生长的IAA,但IAA易受可见光的光氧化而破坏,因此活性炭的主要作用就在于通过减弱光照保护IAA,从而间接促进了根的生长,由于根的生长加快,吸收能力增强,反过来又促进了茎、叶的生长。因此说,活性炭对植物形态的发生和器官的形成有良好的效应。

此外,在培养基中加入0.3%活性炭,还可降低玻璃苗的产生频率,对防止产生玻璃苗有良好作用。活性炭在胚胎培养中也有一定作用,如在葡萄胚珠培养时向培养基加入0.1%的活性炭,可减少组织变褐和培养基变色,产生较少的愈伤组织。

但是,活性炭具有副作用,因为它的吸附作用是没有选择性的。也就是说,它既可以吸附有害物质,也可以吸附有利物质。研究表示,每毫克的活性炭能吸附100ng左右的生长调节物质,这说明只需要极少量的活性炭就可以完全吸附培养基中的调节物质。大量的活性炭加入会削弱琼脂的凝固能力,因此要多加一些琼脂。很细的活性炭也易沉淀,通常在琼脂凝固之前,要轻轻摇动培养瓶。总之,那种随意抓一撮活性碳放入培养基的做法,会带来不良的后果。因此,在使用时要有量的意识,要慎重使用,使活性炭发挥其积极作用。

## 1.2.2 培养基的配制

培养基在外植体的去分化、出芽、增殖、生根及成苗整个过程中起着重要作用。培养基的选择与配制是植物组培及试管苗生产中的关键环节之一。

**一、水和药品**

用于配制培养基的水最好是用玻璃容器蒸馏过的去矿质离子的蒸馏水。所用药品尽可能采用分析纯或化学纯级别的试剂,以免杂质对培养物造成不利影响。生长调节物质在使用前一般要进行重结晶或选用纯度较高的。蛋白质最好用酶水解过的,这样可以使氨基酸更好地在自然状态中保存。药品的称量和定容要准确,不同的化学药品称取时要使用不同的药匙,以避免药品的交叉污染和混杂。每一次称量药品时都要做好记录(包括品名、重量),以免重复称量。

## 二、母液的配制和保存

在植物组织培养工作中,配制培养基是日常必需的工作。为简便起见,通常先配制一系列培养基母液,即贮备液。

所谓母液是欲配制液的浓缩液,这样不但可以保证各物质成分的准确性及配制时的快速移取,而且还便于低温保藏(2℃~4℃)。一般母液浓度比所需培养基浓度高10~100倍。母液配制时可分别配成大量元素母液、微量元素母液、铁盐母液、有机物母液和激素类母液等。母液的配制方法有两种:一种是配制成单一化合物的母液,另一种是配制成几种不同化合物的混合液;前者适用于配制各种培养基都需要的同一种溶液,后者适用于大量配制同种培养基。配好的母液最好用容量瓶贮存。配制时要注意一些离子之间易发生沉淀,如 $Ca^{2+}$ 和 $SO_4^{2-}$, $Ca^{2+}$、$Mg^{2+}$ 和 $PO_4^{3-}$ 一起溶解后,会产生沉淀。因此,配制母液时各种药品要先以少量水让其充分溶解,然后再把已溶解好的各种溶液按一定的次序缓慢混合,力求将易产生沉淀的离子错开。一般配成大量元素、微量元素、铁盐、维生素等母液,其中维生素和氨基酸类可以分别配制,也可以混在一起。母液配好后放入冰箱内低温保存,用时再按比例稀释。下面以 MS 培养基制备为例,概述母液的制备方法(表1-2-1)。

1. 大量元素母液可配成浓度20倍母液

用分析天平按表1-2-1称取药品,分别加100mL左右蒸馏水溶解后,再用磁力搅拌器搅拌,促进溶解。注意 $Ca^{2+}$ 和 $PO_4^{3-}$ 易发生沉淀。然后倒入1 000mL定容瓶中,再加水定容至刻度,成为20倍母液。

2. 微量元素母液可配成浓度配成比1 000倍的母液

用分析天平按表准确称取药品后,分别溶解,混合后加水定容至1 000mL。

3. 铁盐母液可配成100倍的母液

按表称取药品,可加热溶解,混合后加水定容至1 000mL。

4. 有机物母液可配成50倍的母液

按表分别称取药品,溶解,混合后加水定容至500mL。

5. 激素母液的配制

每种激素必须单独配成母液,浓度一般配成1mg/mL。用时根据需要取用。因为激素用量较少,一次可配成50mL或100mL。另外,多数激素难溶于水,要先溶于可溶物质,然后才能加水定容。它们的配法如下:

(1) 将 IAA、IBA、GA 等先溶于少量的95%的酒精中,再加水定容一定浓度。

(2) NAA 可先溶于热水或少量95%的酒精中,再加水定容到一定浓度。

(3) 2,4-D 可用少量1mol/L NaOH 溶液溶解后,再加水定容到一定浓度。

(4) 将 KT 和 BA 先溶于少量1mol 的 HCl 中,再加水定容至所需浓度。

(5) 将玉米素先溶于少量95%的酒精中,再加热水稀释到一定浓度。

表 1-2-1 MS 培养基母液的配制

| 化合物名称 | 培养基原配方量/mg | 现扩大倍数 | 现称取量/mg | 母液体积/mL | 配制1升培养基应移取量/mL | 母液名称 |
|---|---|---|---|---|---|---|
| $NH_4NO_3$ | 1 650 | 10 | 16 500 | 1 000 | 100 | 大量元素母液 |
| $KNO_3$ | 1 900 | 10 | 19 000 | | | |
| $CaCl_2 \cdot 2H_2O$ | 440 | 10 | 4 400 | | | |
| $MgSO_4 \cdot 7H_2O$ | 370 | 10 | 3 700 | | | |
| $KH_2PO_4$ | 170 | 10 | 1 700 | | | |
| $MnSO_4 \cdot H_2O$ | 22.3 | 100 | 2 230 | 1 000 | 10 | 微量元素母液 |
| $ZnSO_4 \cdot 7H_2O$ | 8.6 | 100 | 860 | | | |
| $CoCl_2 \cdot 6H_2O$ | 0.025 | 100 | 2.5 | | | |
| $CuSO_4 \cdot 5H_2O$ | 0.02 | 100 | 25 | | | |
| $H_3BO_3$ | 6.2 | 100 | 620 | | | |
| $Na_2MO_4 \cdot 2H_2O$ | 0.25 | 100 | 25 | | | |
| KI | 0.83 | 100 | 83 | | | |
| $FeSO_4 \cdot 7H_2O$ | 28.7 | 100 | 2 870 | 1 000 | 10 | 铁盐母液 |
| $Na_2$-EDTA | 37.3 | 100 | 3 730 | | | |
| 烟酸(维生素pp) | 0.5 | 50 | 25 | 500 | 10 | 有机物母液 |
| 盐酸吡哆醇 | 0.5 | 50 | 25 | | | |
| 盐酸硫胺素 | 0.1 | 50 | 5 | | | |
| 肌醇 | 100 | 50 | 5 000 | | | |
| 甘氨酸 | 2 | 50 | 100 | | | |

配制好的母液瓶上应分别贴上标签,注明母液名称、浓度、配制日期及配1L培养基时应取的量,并低温贮藏。贮藏期间如发现有霉菌污染或有沉淀、结晶产生,就必须丢弃不用。

### 三、培养基的制备

1. 配制培养基

将各种玻璃器皿(量筒、烧杯、移液管、玻璃板、漏斗等)放置在指定位置。称量好所需要的琼脂、蔗糖,配好所需要的生长调节物质。准备好蒸馏水、棉花塞、牛皮纸和包装线等物品。由于琼脂难以溶解,要预先加热溶解。

配制培养基时要先在烧杯中加入少量的蒸馏水,以免加入药液时溅出。按一定的顺序,根据不同母液的不同倍数取规定量的液体。在加入母液或生长调节物质时,应事先检查这些液体是否变色、沉淀、结晶,如有上述现象则应弃之不用。各种母液混合后一并倒入已溶化的琼脂中,然后放入一定量的蔗糖,定容到所需体积,继续加温并不断搅拌,待琼脂被煮透后,熄火。根据培养基配方及培养基体积加入所需要的生长调节物质。

由于培养基的pH直接影响到培养物对离子的吸收,因而培养基过酸或过碱都会影响到外植体的培养;此外培养基的pH还影响到培养基的凝固性。所以,当培养基配制好后应立即进行pH的调整(培养基的pH测定方法:酸度计测定法;pH试纸测定法,试纸应是精密pH试纸,最好用多种不同类型的试纸同时测定,以避免误差太大而影响外植体的生长)。培养基偏酸时使用1mol/L的NaOH溶液来调节,偏碱时用1mol/L的HCl溶液来调节。培养基的pH一般是5.0~6.0,当高于6.0时,培养基会变硬;低于5.0时,琼脂就不能很好地凝固。培养基的pH对不同植物的影响也有差别,如玉米胚乳愈伤组织在pH是7.0时鲜重增加最快,在pH是6.1时干重增加最快。

以MS培养基的配制为例,用量筒移取大量元素母液100mL,用专一对应的移液管分别吸取微量元素母液10mL、铁盐母液10mL。有机物母液先将贮存母液按顺序将10mL,置入1 000mL定容瓶中。若不加任何激素,则为MS培养基;若需加激素,按配方移取激素母液即可。

将已装入母液的定容瓶用蒸馏水或自来水定容到1 000mL,取1/3左右倒入小铝锅中加热。同时,称30g蔗糖和琼脂7g,也倾入小铝锅中,边加热边搅拌,防止糊底。旺火煮开后,再用文火加热,直至琼脂全部融化即清澈见底。若用琼脂粉,应加入100mL左右的液体培养基,并搅拌均匀。

培养基配好后,要调整pH。用0.1mol/L的NaOH或HCl溶液调成pH为5.8左右。在培养基配方变动不大的情况下可用经验法。可以将连续三次测定所加入的酸或碱液的平均值作为以后调整的用量值。调整后注意要摇动均匀,还要注意酸或碱液不要放置时间太久。

2. 培养基的分装与灭菌

培养基合成后要趁热分装,100mL的容器约装入30mL~40mL培养基,即1L培养基约装35瓶左右。装入太多则浪费培养基,装入太少则不易接种和影响生长。要根据培养对象来决定,如果培养时间较长时,应适当多装培养基;生根等短期培养时,可适当少加培养基。分装时不要把培养基弄到管壁上,以免日后污染。

分装后的培养基应尽快将容器口封住,以免培养基水分蒸发。常用的封口材料有棉花塞、铝箔、硫酸纸、耐高温塑料薄膜等,可根据自己的实际情况选择封口材料。最新研制的PTFE培养瓶无菌封口膜,有极高的弹性、疏水性和独特的防水透气性,可以使污染率降低到零。

培养基分装后应立即将其置于灭菌锅内进行灭菌处理。若不能及时灭菌,最好将其放在冰箱或冰柜中,但必须24h内完成灭菌工作。高压灭菌的原理是:在密闭的蒸锅内,加热后蒸气不能外溢,压力不断上升,使水的沸点不断提高,从而锅内温度也随之增加。在0.1MPa的压力下,锅内温度达121℃。在此蒸气温度下,可以很快杀死各种细菌及其高度耐热的芽孢。注意完全排除锅内空气,使锅内全部是水蒸气,灭菌才能彻底。高压灭菌放气有几种不同的做法,但目的都是要排净空气,使锅内均匀升温,保证灭菌彻底。常用方法是:关闭放气阀,通电后,待压力上升到0.05MPa时,打开放气阀,放出空气,待压力表指针归零后,再关闭放气阀。关阀再通电后,压力表上升达到0.1MPa时,开始计时,维持压力0.1MPa~0.15MPa,时间为20min。按容器大小不同,保压时间有所不同。如果容器体积较大,但是放置的培养基数量很少,也可以减少时间。

到达保压时间后,即可切断电源,在压力降到0.5MPa,可缓慢放出蒸气,应注意不要使压力降低太快,以致引起激烈的减压沸腾,使容器中的液体溢出。当压力降到零后,才能开盖。取出培养基,摆在平台上,以待冷凝。不可久不放气,引起培养基成分变化。若放置过久,由于锅炉内有负压,盖子打不开时,只要将放气阀打开,大气进入,内外压力平衡,盖子便易打开了。对高压灭菌后不变质的物品,如无菌水、栽培介质、接种用具,可以延长灭菌时间或提高压力。而培养基要严格遵守保压时间,既要保压彻底,又要防止培养基中的成分变质或效力降低,不能随意延长时间。对于一些布制品,如实验服、口罩等也可用高压灭菌。洗净晾干后用耐高温塑料袋装好,高压灭菌 20min~30min。

高压灭菌后的培养基,其 pH 变化一般为 0.2~0.3。高压灭菌后培养基的 pH 的变化方向和幅度取决于多种因素。在高压灭菌前用碱调高 pH 至预定值的则相反。培养基中成分单一时和培养基中含有高或较高浓度物质时,高压灭菌后的 pH 变化较大,幅度甚至可大于 2。pH 的变化大于 0.5 时就有可能产生明显的生理影响。高压灭菌通常会使培养基中的蔗糖水解为单糖,从而改变培养基的渗透压。蔗糖在 8%~20% 的浓度范围内,高压灭菌后的培养基渗透压约升高 0.43 倍。培养基中的铁在高压灭菌时会催化蔗糖水解,可使 15%~25% 的蔗糖水解为葡萄糖和果糖。培养基中添加 0.1% 活性炭时,高压下的蔗糖水解大大增强,添加 1% 活性炭,蔗糖水解率可达 5%。

为防止高压灭菌产生的上述一些变化,可用下列方法:

(1) 经常注意搜集有关高压灭菌影响培养基成分的资料,以便及时采取有效措施。

(2) 设计培养基配方时尽量采用效果类似的稳定试剂并准确掌握剂量。如避免使用果糖和山梨醇而用甘露醇,以 IBA 代替 IAA,控制活性炭的用量(在 0.1% 以下)注意 pH 对高压灭菌下培养基中成分的影响等。

(3) 配制培养基时应注意成分的适当分组与加入的顺序。如将磷、钙和铁放在最后加入。

(4) 注意高压灭菌后培养基 pH 的变化及回复动态。如高压灭菌后的 pH 常由 5.8 升高至 6.5。而 96h 后又回降至 5.8 左右。这样在实验中就可以根据这一规律加以掌握。

### 四、常用培养基的配方及特点

培养基有许多种类,根据不同的植物和培养部位及不同的培养目的,需选用不同的培养基。培养基的发明者最早是 Sacks(1680) 和 Knop(1681),他们对绿色植物的成分进行了分析研究,根据植物从土中主要是吸收无机盐营养,设计出了由无机盐组成的 Sacks 和 Knop 溶液,该溶液至今仍被作为基本的无机盐培养基得到广泛应用。以后根据不同目的对该溶液进行改良,产生了多种培养基,自 1937 年 White 建立第一个植物组织培养基以来,许多研究者报道了各种植物组织培的培养基,其数量可达数十种。White 培养基在 20 世纪 40 年代用得较多,现在还常用。而到 20 世纪 60 年代和 70 年代则大多采用 MS 等高浓度培养基,以保证培养材料对营养的需要,并能生长快、分化快,且由于浓度较高,在配制、消毒过程中即使某些成分有些误差,也不致影响培养基的离子平衡。培养基的名称,一直根据沿用的习惯,多数以发明人的名字来命名,如 White 培养基,Murashige 和 Skoog 培养基(简称 MS 培养基),也有对某些成分进行改良后称作改良培养基。目前国际上流行的培养基有几十种,常用的培养基及特点如下:

#### 1. MS 培养基

MS 培养基是 1962 年由 Murashige 和 Skoog 为培养烟草细胞而设计的,特点是无机盐和离子浓度较高,为较稳定的平衡溶液。其养分的数量和比例较合适,有加速愈伤组织生长的作用,可满足植物的营养和生理需要。它的硝酸盐和氨盐含量较其他培养基为高,比例也比较合适,也不需要添加更多的有机附加物。因此,广泛地用于植物的器官、花药、细胞和原生质体培养,效果良好。有些培养基是由它演变而来的,如 LS(Linsmaier 和 Skoog,1965) 培养基和 RM(田中,1964)培养基,其基本成分与 MS 培养基相同,LS 去掉了甘氨酸、盐酸吡哆素和烟酸;RM 把硝酸铵的含量提高到了 4 950mol/L,把磷酸二氢钾提高到 510mol/L。与 MS 培养基相比,White 改良培养基提高了 $MgSO_4$ 的浓度和增加了硼素。其特点是一个无机盐浓度较低的培养基,无论是在生根培养、胚胎培养还是一般的组织培养时都有较好的效果。

2. B5 培养基

B5 培养基是 1968 年由 Gamborg 等为培养大豆根细胞而设计的。其主要特点是含有较低的铵,该培养基的营养成分对不少培养物的生长有抑制作用。从实践得知,有些植物在 B5 培养基上生长更适宜,如双子叶植物,特别是木本植物。

3. SH 培养基

SH 培养基于 1972 年由 Schenk 和 Hidebrandt 设计,其营养成分与 B5 培养基相似,其中将 $(NH_4)_2SO_4$ 改用 $NH_4H_2PO_4$。该培养基在不少单子叶和双子叶植物的组培中应用效果较好。

4. N6 培养基

N6 培养基是 1974 年由我国的朱至清等为水稻等禾谷类作物花药培养而设计的。其特点是成分较简单,$KNO_3$ 和 $(NH_4)_2SO_4$ 含量高且不含钼。在国内已广泛应用于小麦、水稻及其他植物的花药培养和其他组织培养。

5. KM-8P 培养基

KM-8P 培养基是 1974 年为原生质体培养而设计的。其特点是有机成分较复杂,它包括了所有的单糖和维生素,广泛用于原生质融合的培养。

6. VW 培养基

VW 培养基是 Vacin 和 Went 在 1949 年设计的。该培养基的总离子强度稍低些,适用于气生兰的组培。营养成分中磷是以磷酸钙的形式供给,配制时应先用 1mol/L HCl 将其溶解后再加入混合液中。

7. 马铃薯简化培养基

马铃薯简化培养基是为经济条件较差的农村农科站和中学而设计的。每 1 000mL 马铃薯简化培养基的价格只相当于 MS 培养基的 20% 左右,既经济实用又材料易得,有利于组培技术的推广与普及。

配方:配制 1 升培养基,称取马铃薯 200g,洗净,不削皮,切成小块,加一定量的蒸馏水煮沸半小时。用两层纱布过滤。余下的残渣再煮一次,过滤。两次滤液加在一起不超过培养基总体积的 45%。然后加入其他附加成分。铁盐与培养基相同。2,4-D 0.5mg/L,激动素 0.5mg/L。以绵白糖(40%)替代蔗糖,以食用淀粉(60g)作凝固剂,将 pH 调至 5.8 左右。

8. 常用培养基的配方及分类

几种常用培养基的配方见表 1-2-2。

**表 1-2-2　常见培养基的配方**

（单位：mg/L）

| 培养基类型 | | MS | 改良 White | $B_5$ | $N_6$ | VW | 改良 VW | SH |
|---|---|---|---|---|---|---|---|---|
| 大量元素 | $KNO_3$ | 1 900 | 80 | 3 000 | 2 830 | 525 | 5 250 | 2 500 |
| | $NH_4NO_3$ | 1 650 | — | — | — | — | — | — |
| | $MgSO_4 \cdot 7H_2O$ | 370 | 720 | 500 | 185 | 250 | 2 500 | 400 |
| | $KH_2PO_4$ | 170 | 16.5 | — | 400 | 250 | 2 500 | — |
| | $CaCl_2 \cdot 2H_2O$ | 440 | — | 150 | 166 | — | — | 200 |
| | $Ca(NO_3)_2 \cdot 4H_2O$ | — | 300 | — | — | — | — | — |
| | KCl | — | 65 | — | — | — | — | — |
| | $Na_2SO_4$ | — | 200 | — | — | — | — | — |
| | $NaH_2PO_4$ | — | — | 150 | — | 250 | — | — |
| | $(NH_4)_2SO_4$ | — | — | 134 | 463 | 500 | — | — |
| | $Ca_3(PO_4)_2$ | — | — | — | — | 200 | — | — |
| | $NH_4H_2PO_4$ | — | — | — | — | — | — | 300 |
| 微量元素 | $MnSO_4 \cdot 4H_2O$ | 22.3 | 7 | 10 | 4.4 | 7.5 | 2 500 | 10 |
| | $ZnSO_4 \cdot 7H_2O$ | 8.6 | 3 | 2 | 1.5 | — | — | 1.0 |
| | $CoCl \cdot 6H_2O$ | 0.025 | — | 0.025 | — | — | — | 0.1 |
| | $CuSO_4 \cdot 5H_2O$ | 0.025 | 0.001 | 0.025 | — | — | — | 0.2 |
| | $H_3BO_3$ | 6.2 | 1.5 | 3 | 1.6 | — | — | 5.0 |
| | $Na_2MO_4 \cdot 2H_2O$ | 0.25 | — | 0.25 | — | — | — | 0.1 |
| | KI | 0.83 | — | 0.75 | 0.8 | — | — | 1.0 |
| | $Fe_2(SO_4)_3$ | — | 2.5 | — | — | — | — | 20 |
| | $MoO_3$ | — | 0.000 1 | — | — | — | — | — |
| | $Fe_2(C_4H_4O_6)_2 \cdot 2H_2O$ | — | — | — | — | 28 | — | — |
| 铁盐 | $FeSO_4 \cdot 7H_2O$ | 母液 5ml | — | 同 MS | 同 MS | — | — | 15 |
| | $Na_2$-EDTA | * | — | | | — | — | |
| 维生素 | 烟酸(维生素 pp) | 0.5 | 0.3 | 1.0 | 0.5 | — | — | 5.0 |
| | 盐酸砒哆醇(维生素 $B_6$) | 0.5 | 0.1 | 1.0 | 0.5 | — | — | 5.0 |
| | 盐酸硫胺素(维生素 $B_2$) | 0.4 | 0.1 | 10 | 1.0 | — | — | 5.0 |
| | 肌醇 | 100 | 100 | 100 | — | — | — | 1 000 |
| | 甘氨酸 | 2 | 3 | — | 20 | — | — | — |
| 其他有机物 | 蔗糖 | 30 000 | 20 000 | 20 000 | 50 000 | 20 000 | 同左 | 30 000 |
| | 琼脂 | 10 000 | 10 000 | 10 000 | 10 000 | 16 000 | | |
| pH | | 5.8 | 5.6 | 5.5 | 5.8 | 5.0~5.2 | 同左 | 5.8 |

*注：铁盐母液的配制方法：称取 5.57g $FeSO_4 \cdot 7H_2O$ 和 5.45g $Na_2$-EDTA(乙二胺四乙酸二钠)溶于 1L 水中，振荡、摇匀保存。

也有人按照上述这些培养基的成分和浓度将它们分为以下 4 个基本类型：

（1）含盐量较高的培养基。以 MS 培养基为代表，其特点是无机盐浓度高，特别是硝酸盐、钾离子和铵根离子含量丰富。元素平衡较好，缓冲性强。微量元素和有机成分齐全且较丰富。与 MS 培养基相似的还有 LS 培养基、BL 培养基、ER 培养基等。

（2）硝酸钾含量较高的培养基。如 B5 培养基、N6 培养基、SH 培养基等，其特点是盐分浓度较高，铵态氮含量较低，盐酸硫胺素和硝酸钾含量较高。

(3) 中等无机盐含量的培养基。如 Nitsch 培养基、Miller 培养基、H 培养基等，特点是大量元素的含量约是 MS 培养基的一半，微量元素种类少但含量较高，维生素种类较多。

(4) 低无机盐含量的培养基。包括 White 培养基、WS 培养基、HE 培养基等，其共同特点是无机盐含量低，约是 MS 培养基的四分之一，有机成分也较低。

## 1.2.3 培养基的选择

在建立一个新的实验体系时，为了能研制出一种适合的培养基，最好先由一种已被广泛使用的基本培养基（如 MS 培养基或 B5 培养基）开始。当通过一系列的实验，对这种培养基做了某些定性和定量的小变动之后，即有可能得到一种能满足实验需要的新培养基。选择最佳培养基的常用试验方法主要有单因子试验、多因子试验及广谱实验等。

**一、单因子试验**

单因子试验中，培养基中其他成分都维持在一般水平上，只变动一个因子，以找出这一因子对试验的影响和影响的程度。例如，MS 基本培养基的其他成分和用量都不变，只变动 NAA 用量对某一培养物生根的影响，这种只研究一个因素的试验就是单因子试验。

生物学试验不同于物理学或化学试验，最显著的差别是在生物学试验中必须设置对照组与试验组。试验组可以有一组或几组，随试验的复杂性增加，对照组也可能有一组以上。要求对照组与试验组中的试验个体，即植物组织块或其他培养物，必须在遗传性、生理状态、前培养条件等方面，尽可能完全一致，以保证试验结果是来源于试验因子，而不是由于试验材料不一致导致的。

试验中的各项目处理一般都要设有一定的重复，以取得可靠的试验结果。随试验规模和要求不同，大多每个项目要有 4~10 瓶，每瓶至少 3 块培养物或 3 丛小幼苗。

**二、多因子试验**

对培养基中两个或两个以上因素进行研究的试验称为多因子实验。试验可采用完全试验方案，也可选用正交设计方案。完全试验方案具有均衡、完全的特点，各个因子的每个水平都相互搭配，构成了所有可能的处理组合。例如，研究 NAA 和 6-BA 的最佳浓度组合，每个因子各设 5 个浓度水平（$0\mu mol/L$、$0.5\mu mol/L$、$2.5\mu mol/L$、$5\mu mol/L$、$10\mu mol/L$），这两种因子各种浓度的所有组合，就构成了一个具有 25 项处理的试验（表 1-2-3）。

表 1-2-3　2 种激素 5 种浓度（$\mu mol/L$）的实验组合

| | | 6-BA | | | | |
|---|---|---|---|---|---|---|
| | | 0 | 0.5 | 2.5 | 5 | 10 |
| NAA | 0 | 1 | 2 | 3 | 4 | 5 |
| | 0.5 | 6 | 7 | 8 | 9 | 10 |
| | 2.5 | 11 | 12 | 13 | 14 | 15 |
| | 5 | 16 | 17 | 18 | 19 | 20 |
| | 10 | 21 | 22 | 23 | 24 | 25 |

完全试验方案的试验因子越多，处理数就越多，试验就越复杂，消耗的精力、物力就越

多。为了减少试验处理,但又能准确全面地获得试验信息,通常采用正交试验。例如,采用正交设计,在使用此表时就可以安排 4 个因子、3 种水平的试验,一共做 9 种不同搭配的试验,其结果相当于做了 27 次各种搭配的试验。正交试验虽然是多因素搭配在一起的试验,但是在试验结果的分析中,每一种因素所起的作用却又能够明白无误地表现出来。因此,一次系统的试验结果,就可以把问题分析得清清楚楚,用有限的时间取得成倍的收获。在组织培养研究中,可用于同时探求培养基中适宜的几种成分的用量,如细胞分裂素、生长素、糖和其他成分的用量。

**三、逐步添加和逐步排除的试验方法**

在植物组织分化与再生的研究中,在没有取得可靠的分化与再生之前,往往添加各种有机营养成分,而在取得了稳定的再生之后,就可以逐步减少这些成分。在逐步添加时是使试验成功,在逐步减少时是缩小范围,以便找到最有影响力的因子,或是为了实用上的需要竭力使培养基简化,以降低成本和利于推广。在寻求最佳激素配比时,也经常用到这种加加减减的简单方法。

**四、广谱实验法**

在广谱实验法中,把培养基中所有组分分为 4 类:无机盐、有机营养物质(蔗糖、氨基酸和肌醇等)、生长素、细胞分裂素。对每一类物质选定低(L)、中(M)和高(H)3 个浓度。4 类物质各 3 种浓度的自由组合即构成了一项包括 81 个处理的实验。在这 81 个处理中最好的一个可用 4 个字母表示。例如,一个包含中等浓度无机盐、低浓度生长素、中等浓度细胞分裂素和高浓度有机营养物质的处理即可表示为 MLMH。达到这个阶段,再试用不同类型的生长素和细胞分裂素即可找到培养基的最佳配方。这是因为不同类型的生长素和细胞分裂素对不同植物的活性有所不同。

## 1.2.4 灭 菌

凡是暴露的物体,接触水源的物体,其表面都有菌。因此,未处理的无菌室、超净台表面、未灭菌的培养基、容器表面、接种刀剪、身体外表及呼吸道等,都是有菌的。

菌的种类包括细菌、真菌、放线菌、藻类及其他微生物。其特点是极小,肉眼看不见;无处不在,无时不有,无孔不入;忍耐力(热、射线、酸碱、有毒药剂等)强,生活要求简单,繁殖力极强。

无菌范畴为经高温灼烧或一定时间蒸煮等物理方法处理或化学药剂处理过的物体,如高层大气、岩石内部、健康组织内部、强酸强碱、化学元素灭菌剂等。无菌世界要比有菌世界小得多。

灭菌是指用理化方法杀死物体表面和孔隙内的一切微生物或生物体,即把所有生命的物质全部杀死。

消毒是指杀死、消除或充分抑制部分微生物,使之不再发生危害作用,即一些不会完全杀死,还有活着的微生物。

无菌操作是在通过严格灭菌的操作空间(接种室、超净台等)和使用的器皿内,以及操作者外表都不带任何活着的微生物条件下进行操作。

组培和无菌要求：必须彻底无菌，比微生物培养还严格，因为培养基营养丰富，温度和湿度等合适。要彻底灭菌，必须根据不同的对象采取不同的切实有效的方法灭菌。

灭菌方法可分为两类。

一是物理方法：如干热（烘烧和灼烧）、湿热（常压或高压蒸煮）、射线处理（超声波、微波）、过滤、清洗和无菌水冲洗等措施。

二是化学方法：用升汞、甲醛、过氧化氢、高锰酸钾、来苏儿、漂白粉、次氯酸钠、抗菌素、酒精等化学药品处理。

### 一、培养基用湿热灭菌

培养基在制备后的24h内完成灭菌工序。

高压高温灭菌原理：在0.1MPa的压力下，锅内温度达121℃，可以很快杀死各种细菌及其高度耐热的芽孢。

保证高压：首先要注意完全排除空气。常用方法是：关闭放气阀，通电后，待压力上升到0.05MPa时，打开放气阀，放出空气，待压力表指针归零后，再关闭放气阀。其次要保压到位，即维持压力0.1MPa～0.15MPa 20min。

因容器不同，故保压时间不同，见表1-2-4。

表1-2-4　培养基高压蒸气灭菌所必需的最少时间

| 容器的体积/mL | 在121℃灭菌所需最少时间/min |
| --- | --- |
| 20～50 | 15 |
| 75～150 | 20 |
| 250～500 | 25 |
| 1 000 | 30 |

培养基要严格遵守保压时间，既要保压彻底，又要防止培养基中的成分变质或效力降低，不能随意延长时间。

无菌水、栽培介质、接种用具、滤纸、实验服、口罩等物品灭菌时，可以适当延长灭菌时间或提高压力。这些物品用耐高温塑料袋装好，或用报纸或牛皮纸包好。

高温高压引起的变化：培养基pH下降0.2～0.3单位，培养基中成分单一时pH变化幅度较大，甚至可大于2个pH单位；升高渗透压，因铁使蔗糖水解为单糖，占15%～25%，浓度约升高0.43倍。pH小和加入活性碳时，蔗糖水解增加。

### 二、无菌操作器械采用灼烧灭菌

对镊子、剪子、解剖刀、瓶口等用灼烧灭菌。若浸入95%的酒精中，然后再灼烧，效果更好。灼烧要完全彻底。

### 三、玻璃器皿及耐热用具采用干热灭菌

原理：利用烘箱加热到160℃～180℃的温度来杀死微生物，通常采用170℃持续90min来灭菌。由于在干热条件下，细菌的营养细胞的抗热性大为提高，接近芽孢的抗热水平。

处理：先洗净并干燥，对工具等要用耐高温的塑料妥为包扎；灭菌时应逐渐升温；烘箱内放置的物品的数量不宜过多；到时断电后要待充分冷却再取用。

特点：耗能源、费时间，但成本较低。

### 四、不耐热的物质采用过滤灭菌

适用种类：赤霉素、玉米素、脱落酸和某些维生素由于不耐热，可用过滤法。

过滤方法：防细菌滤膜的网孔径为 0.45μm 以下，细菌的细胞和真菌的孢子等因大于孔径而被阻，液量大时，常使用抽滤装置；液量小时，可用注射器。

### 五、空间灭菌采用紫外线和熏蒸灭菌

1. 紫外线灭菌

适宜：接种室、超净台的空间。只适于空气和物体表面的灭菌。

原理：细菌吸收紫外线后，蛋白质和核酸发生结构变化，引起细菌的染色体变异，造成死亡。

特点：紫外线的波长为200nm～300nm，其中以波长为260nm的光线的杀菌能力最强，但是紫外线的穿透物质的能力很弱，所以只适于表面灭菌，且要求距照射物以不超过1.2m为宜。

2. 熏蒸灭菌

概念：用加热焚烧、氧化等方法，使化学药剂变为气体状态扩散到空气中，以杀死空气和物体表面的微生物。这种方法简便，只需空间关闭紧密。

原理：使微生物的蛋白质变性，或竞争其酶系统，或降低其表面张力，增加菌体细胞浆膜的通透性，使细胞破裂或溶解。

特点：一般说来，温度越高，作用时间越长，杀菌效果越好；药剂浓度越大，杀菌能力越强。但石炭酸和酒精例外。另外，消毒剂必须制成水溶液状态。墙壁先喷湿会加强效果。房间要关闭紧密。

药品：常用熏蒸剂是甲醛，熏蒸时，按 $5mL/m^3$ ～ $8mL/m^3$ 用量，加 $5g/m^3$ 高锰酸钾促氧化挥发。冰醋酸也可，但不如甲醛。

### 六、一些物表用药剂喷雾或擦拭灭菌

物体表面可用一些药剂涂擦、喷雾灭菌。如桌面、墙面、双手、植物材料表面等，可用70%的酒精反复涂擦灭菌，1%～2%的来苏儿溶液以及0.25%～1%的新洁尔灭也可以。

### 七、植物材料表面用消毒剂灭菌

植物材料必须经严格的表面灭菌处理，再经无菌操作手续接到培养基上，这一过程叫做接种。接种的植物材料叫做外植体。其灭菌过程主要分四步：

第一步是清洗。把材料切割成适当大小，以灭菌容器能放入为宜。置自来水龙头下流水冲洗几分钟至数小时，易漂浮或细小的材料，可装入纱布袋内冲洗。清洗时可加入洗衣粉或表面活性物质——吐温-80助洗，最后用自来水冲净。

第二步是表面浸润。严格要求要在超净台内完成，准备好消毒的烧杯、玻璃棒、70%酒精、消毒液、无菌水、手表等。用70%酒精浸30s左右。

作用：使植物材料表面被浸湿，但要把握时间。70%酒精穿透力强，对特殊的材料，如果实，花蕾，包有苞片、苞叶等的孕穗，多层鳞片的休眠芽等，以及主要取用内部的材料，可处理时间稍长一些。

第三步是灭菌剂处理。表面灭菌剂的种类较多，可根据情况选取（表1-2-5）。

表 1-2-5　常用灭菌剂使用浓度及效果比较表

| 灭菌剂 | 使用浓度 | 持续时间/min | 去除的难易 | 效果 |
| --- | --- | --- | --- | --- |
| 次氯酸钙 | 9%~10% | 5~30 | 易 | 很好 |
| 次氯酸钠 | 2% | 5~30 | 易 | 很好 |
| 氯化汞 | 0.1%~1% | 5~8 | 较难 | 最好 |
| 抗菌素 | 4mg/L~50mg/L | 30~60 | 中 | 较好 |

次氯酸钠和次氯酸钙在使用前临时配制,都是利用其分解产生氯气来杀菌,故灭菌时用广口瓶加盖较好;灭菌效果次于氯化汞,但易于去除。

氯化汞可短期内贮用。氯化汞也称升汞,为剧毒物质,它由重金属汞离子破坏微生物蛋白质等来达到灭菌目的;特点是灭菌效果好,但去除残毒较难,应当用无菌水涮洗8~10次,每次不少于3min。

过氧化氢是分解中释放原子态氧来杀菌的,这种药剂残留的影响较小,灭菌后用无菌水涮洗3~4次即可。

灭菌作法:沥干的植物材料转到较大器皿中,倒入消毒液开始记时,并不断用玻璃棒轻轻搅动,以驱除气泡,促进接触和消毒彻底。用倾倒法灭菌液要充分浸没材料。

灭菌液中可加吐温-80或Triton X,使药剂更易于展开和浸润材料的表面。一般加入灭菌液的0.5%,即在100mL加入15滴。

第四步是用无菌水涮洗,作用是免除消毒剂杀伤植物细胞的副作用。涮洗要每次3min左右,视情况,涮洗3~10次左右。

## 1.2.5　无菌操作

接种时由于有一个敞口的过程,所以是极易引起污染的时期,这一时期主要由空气中的细菌和工作人员本身引起,接种室要严格进行空间消毒。接种室内保持定期用1%~3%的高锰酸钾溶液对设备、墙壁、地板等进行擦洗。除了使用前用紫外线和甲醛灭菌外,还可在使用期间用70%的酒精或3%的来苏儿喷雾,使空气中灰尘颗粒沉降下来。工作人员进入接种室前双手必须进行洁净,先用水和肥皂洗涤,操作前再用70%酒精擦拭,操作时双手不能随便接触未经消毒的东西。入室前穿好灭菌的专用实验服和换拖鞋,专用实验服要经常保持清洁并消毒。头发带的灰尘也很多,因此应戴上专用帽子。工作人员的呼吸也是污染的主要途径,操作过程中禁止不必要的谈话和咳嗽,可带上口罩。还要尽量减少工作人员在接种室内的走动。

操作期间,尽量把所用的器皿盖子盖好。刀、剪、镊子等用具,一般在使用前浸泡在70%的酒精中,用时再在火焰上消毒,待冷却后使用。每次使用前均需进行用具消毒。工作结束,及时取出接种材料,然后清理台面,再用5%的来苏儿或石炭酸全面喷雾或打开紫外线照射0.5h。

# 1.3 外植体的采集与处理

大家知道,除了培养基的化学成分以外,决定外植体培养成败的另一重要因素就是外植体的来源。理论上讲植物细胞大多具有全能性,能够再生新植株,因此,任何植物器官、组织都可以作为外植体,而实际上,植物物种不同,同种植物的品种不同,器官、组织不同,其细胞的分化能力存在着较大的差异,同时,组织培养又是建立在无菌操作基础之上的专门技术,因此,在进行植物组织培养时,必须选择合适的外植体并进行灭菌操作,才可以确保组织培养工作的成功。

## 1.3.1 外植体的选择

**一、外植体选择的前期准备**

1. 物种的选择

就目前组织培养技术发展而言,组织培养技术适用于千余种植物。具体选择何种植物作为组织培养对象要根据自己研究和生产目的而定。可以是新引进的物种,也可以是稀有物种,还可以是具有较大的经济、观赏和药用等价值的植物物种。对于经济植物、药用植物和观赏植物来说,每种植物都可能具有多个品种(在一定栽培条件下,一个个体间具有一致特定性状的植物群体),如苹果就有早熟与晚熟、金帅与国光等品种;甘蓝有春播与秋播品种;菊花有切花与盆栽品种等。植物品种具有区域性,也就是说,植物的每个品种都有它最合适的栽培地区和栽培条件,如果将植物的某个品种引种到不适宜的环境或采用不当的栽培措施,品种的优良性状就不能很好地表现或不表现,甚至会变成劣质品种。品种具有时间性,某个植物品种栽种时间长了,其性状就会退化,甚至失去利用价值。基于上述种种情况,在进行植物组织培养时,既要注意对物种的选择,又要注意对不同品种的选择;既要了解植物的某个品种是否适应本地区的环境条件,又要了解该品种是否具有较好的市场前景。因此,在建立植物组织培养项目前要认真调查,收集有关信息,否则就会造成不必要的损失(经济上的和时间上的)。

2. 要做好培养材料预先的栽培管理

高质量的组织培养材料来自于组织培养前的高质量的栽培管理。既要使植物具有洁净的生长环境和良好的生长条件,又要尽可能地减少对材料的污染。因此,材料的预先栽培要做到:不连作;栽培基质要灭菌和消毒;多施腐熟的有机肥,少施化肥;及时预防病虫害;尽量创造较好的生长环境等。

**二、外植体的部位**

纵观国内外植物组织培养成功的实例不难发现,外植体可以来自植物体的任何一个部位,如茎尖、茎段、皮层及维管组织、髓细胞、表皮细胞、块茎的贮藏薄壁细胞、花瓣、根、叶、子叶、鳞茎、胚珠、幼胚和花药等。但是,不同种类的植物以及同一植物的不同器官、组织对诱导条件的反应是不一致的,有的部位诱导分化的成功率高,有的部位却很难脱分化,有时即使脱分化了,再分化频率很低,或者只分化出芽而不生根,或者只生根而不长芽。如百合科的风信子(Hyacinthus)、麝香兰(Muscari)等比较容易形成再生植株,而郁金香(Tulipa)就比较困难。同一百合鳞茎不同部位之间的再生能力差别也较大,外层鳞片叶比内层的再生能力强,下段比中、上段的再生能力强。因此,在组织培养过程中,如何选择合适的、最易表达全能性的部位,是决定组织培养体系成功建立的前提之一(图1-3-1)。

图1-3-1　外植体

部位的确定:对大多数植物来说,茎尖是较好的外植体截取部位,由于其形态已基本建成,生长速度快,遗传性稳定,无病毒分布。但是,茎尖常常受到材料来源上的限制,因此,茎段也就成为外植体的重要来源,以解决培养材料不足的困难,如薄荷、四季桔等植物;叶片作为资源丰富的外植体材料也得到了较为广泛的应用,如秋海棠、猕猴桃、矮牵牛等植物;一些较难培养的植物常常以子叶和下胚轴作为组织培养的材料。花药与花粉的组织培养是育种和获得无毒苗的重要途径。总之,在确定外植体取材部位时,不仅要考虑培养材料的来源有无保障,成苗的难易程度,而且还要考虑到经过脱分化形成愈伤组织的途径是否会引起不良的变异,甚至丧失原品种的优良性状。对于培养较困难的植物,其组织培养以不浪费培养材料为前提,最好比较一下各部位的诱导及分化能力,从中选择出最佳的外植体,这样既保质又保量。外植体部位的选择十分重要,如玫瑰以茎尖作外植体材料时,顶芽比侧芽的成功率高;苹果顶芽作外植体褐变程度较低,且比侧芽易成活;石竹和菊花也是顶芽作外植体材料比较好。

### 三、取材季节

获取外植体材料时,取材季节也是影响组培成功的重要因素之一。如百合鳞片外植体,春、秋季取材培养易形成小鳞茎,夏、冬季取材培养则较难形成鳞茎;马铃薯在4月和12月取其茎叶作外植体有较高的块茎发生能力,而在2~3月和5~11月获取的外植体则很少会产生块茎。对大多数植物而言,外植体的取材时间应选择在植物生长开始的季节,如果选择在生长末期或休眠期,则外植体就会对诱导反应迟钝或无反应。如番木瓜茎尖在冬季取材进行培养则难以成活,2~4月或11至次年1月取材培养成活率较低,如果在母株生长旺盛季节取材培养,不仅成活率高,而且增值率也大;苹果在3~6月取材培养的成活率为60%,7~11月取材则成活率下降到10%,12月至次年的2月取材则成活率都在10%以下。

### 四、器官的生理状态和发育年龄

作为外植体的植物器官,其生理状态与发育年龄直接影响到培养苗的形态发生。植物生理学的观念认为:同一株植物上的器官具有不同的生理年龄,同种器官的上下不同的部位也同样具有不同的生理年龄。一般认为,沿植物的主轴,越向上的部分所形成的器官的生长时间就越短,生理年龄也就越老,越接近发育上的成熟,也就越容易形成花器官。反之,其生理年龄就越小。在组织培养中有不少的实例可以证明这一点。例如,在烟草、西番莲的组织培养中,植株下部分组织产生营养芽的比例较高,而上部组织产生花器官的比例较高;在惠兰、蝴蝶兰等植物的组织培养中试管实生苗诱导的植株呈幼苗状态,而温室多年生植株的茎尖诱导再生植株呈成熟态,叶片肥厚,色深,分泌醌类物质多;在拟莲花叶的组织培养中,幼小的叶作组培材料只生根,老叶作组织培养材料可以形成芽儿,用中等年龄的叶作组培材料既生根又生芽;在木本植物组织培养中,以幼龄的春梢芽枝段或极不的萌条作组培材料较好,下胚轴与具有 3~4 片真叶的嫩茎段,生长效果较好,而下胚轴靠近顶芽的一段容易诱导产生芽,茎尖(带有 1~2 个叶原基的顶端分生组织)也很理想,但树龄小的比树龄大的容易成功。一般情况下,幼年组织比老年组织具有较高的形态发生能力;如黄瓜子叶随年龄的增长,其器官再生能力逐渐减弱甚至完全消失。

### 五、外植体的大小

兰花、柑橘、马铃薯等许多植物茎尖组织培养实例表明,外植体越小成活率越低。因此,除非用于脱毒,否则不宜将外植体切得过小。茎尖培养存活的临界大小应为茎尖分生组织带 1~2 个叶原基,长约 0.2mm~0.3mm,叶片、花瓣大约为 0.5mm,茎段则长为 0.5mm。但这并不是说组织培养材料越大越好,外植体过大,不易彻底灭菌,容易造成污染。实验表明,外植体越大污染率越高。有关研究人员在甘蔗心叶愈伤组织的培养时发现:外植体的大小对分化生长有明显的影响(表 1-3-1)。在木薯的组织培养过程中人们发现有类似的现象,2mm 以上的茎尖培养材料能形成完整的植株,2mm 以下的材料只能产生愈伤组织或根。此外,外植体的大小与组织培养苗的褐变及玻璃化也有一定的关系,如金冠苹果外植体长度小于 0.5mm 时,褐变严重,而长度在 5mm~15mm 时,褐变较轻,并且成活率也较高。

表 1-3-1　甘蔗培养材料的大小对分化的影响

| 品种 | 愈伤组织大小/mm | 愈伤组织数 | 出苗数 | 苗分化率/% |
| --- | --- | --- | --- | --- |
| 川蔗 11 号 | <5 | 102 | 9 | 8.8 |
|  | >5 | 65 | 48 | 73.8 |
| 桂糖 2 号 | <5 | 69 | 8 | 11.6 |
|  | >5 | 105 | 87 | 82.6 |
| 桂糖 71/114 | <5 | 56 | 7 | 12.5 |
|  | >5 | 68 | 64 | 94.1 |

## 1.3.2　外植体的灭菌

无菌的外植体材料是植物组织培养成功的重要前提与可靠保证。而消毒则是获得无菌外植体的有效方法,也就是通过一些表面消毒剂来杀死植物材料表面的微生物,并尽可能保持植物材料的生活力。植物组织培养对无菌条件的要求是非常严格的,甚至超过微生物的培养要求,这是因为培养基含有丰富的营养,稍不小心就引起杂菌污染。要达到彻底消毒和灭菌的目的,必须根据不同的对象采取不同的、切实有效的方法来消毒和灭菌,才能保证培养时不受杂菌的影响,使试管苗能正常生长。取材于田间的植物材料常常会带有大量的病菌等微生物,这是无菌组织培养的一大障碍,只有对所取植物材料进行灭菌处理才能保证组织培养工作的顺利进行。

## 一、外植体灭菌常用消毒剂

外植体消毒剂的要求:具有良好的消毒效果(表1-3-2),容易被水冲洗或能自行分解,而且不损伤材料,不影响组织培养物的生长。

表1-3-2 常用消毒剂使用效果比较表

| 消毒剂 | 使用浓度/% | 清除难易程度 | 消毒时间/min | 消毒结果 |
| --- | --- | --- | --- | --- |
| 次氯酸钙 | 9~10 | 易 | 5~30 | 很好 |
| 次氯酸钠 | 2 | 易 | 5~30 | 很好 |
| 漂白粉 | 饱和溶液 | 易 | 5~30 | 很好 |
| 溴水 | 1~2 | 易 | 2~10 | 很好 |
| 过氧化氢 | 10~12 | 最易 | 5~15 | 好 |
| 升汞 | 0.1~1 | 较难 | 2~10 | 最好 |
| 酒精 | 70~75 | 易 | 0.2~2 | 好 |
| 抗菌素 | 4mg/L~5mg/L | 中 | 30~60 | 较好 |
| 硝酸银 | 1 | 较难 | 5~30 | 好 |

70%~75%酒精具有较强的穿脱离和杀菌力,通常外植体进入15s~30s即可。常作为表面消毒的第一部,具浸润和消毒双重作用,但不能彻底消毒,必须结合其他药物才能达到较好的消毒效果。由于$H^+$和$OH^-$可改变细胞膜带电性质而增加其透性,在配制酒精溶液时加入0.1%的酸或碱,可以提高酒精的消毒效果。

升汞($HgCl_2$)具有剧毒的重金属盐消毒剂。消毒原理是$Hg^{2+}$可与带负电荷的菌体蛋白质结合而使其变性而失活。使用浓度为0.1%~0.2%,一般浸泡6s~12s,就可以有效的杀死附着在外植体表面的细菌和真菌芽胞,是一种极有效的消毒剂。单用升汞灭过菌的外植体要用清水反复冲洗(不得少于5次),以洗去残留的汞,否则会对外植体产生毒害作用。

次氯酸钠用市售的"安替福尔"配制2%~10%的次氯酸钠水溶液,消毒时只需浸泡5min~30min,再用无菌水冲洗4~5次。由于它可分解产生具有杀菌作用的氯气,消毒后又容易除去,无残留,对植物毒害,因此是组织培养时常用的消毒剂。

漂白粉是低毒有效的常用消毒剂。一般含10%~20%的(重量/体积)次氯酸钙,使用浓度为5%~10%或饱和溶液。该药品易吸潮散失有效氯而失效,见光易分解,因而要避光、密封保存,现用现配。

双氧水具有较强的氧化性。常用6%~12%的双氧水溶液浸泡外植体材料,消毒效果好,易清除不具有残留,对组织培养材料无损伤,常用于叶片的消毒。

新洁尔灭是光谱表面活性消毒剂。对绝大多数外植体材料伤害较轻,消毒效果好。常用1:200的稀释液清洗、浸泡外植体,时间一般为30min。

在使用以上消毒剂对植物材料进行消毒时,为了使消毒剂浸润整个材料,一般在灭菌溶液中加吐温-80或Triton X效果较好,但吐温加入后对材料的伤害也在增加,应注意吐温的用量和灭菌时间,一般加入灭菌液的0.5%,即在100mL加入15滴。外植体的灭菌宜选用两种消毒剂交叉进行,如先用酒精再用次氯酸钠溶液先后消毒。外植体的消毒灭菌一定要依据材料经试验,取效果较好、毒害较小的消毒剂。

### 二、外植体的消毒灭菌方法

1. 茎尖、茎段及叶片的消毒

植物的茎叶部分常暴露于空气中,易受到泥土、肥料所带杂菌的污染,消毒前要先将材料用自来水冲洗,冲洗时间视材料而定,一般是 10min,如若材料表面粗糙或有绒毛,冲洗时间可在 1h~2h 之间,必要时使用洗衣粉或洗洁精溶液,或用毛刷刷洗。消毒时先用 70%~75% 的酒精浸泡 10s~30s,用无菌水清洗 2~3 次,按材料的老嫩和坚硬程度分别采用 2%~10% 次氯酸钠的溶液浸泡 10s~15s,如材料表面有绒毛或较粗糙,最好在消毒液中加入几滴吐温-80,消毒后再用无菌水冲洗 3~4 次方可接种。

2. 果实和种子的消毒

先用自来水清洗 10min~20min 或更长的时间,然后用 70% 的酒精迅速漂洗。果实用 2% 的次氯酸钠溶液浸泡 10min 后再用无菌水冲洗 2~3 次,取其内种子或组织进行培养。种子则先要用 10% 的次氯酸钠溶液浸泡 20min~30min,对于较难以消毒的还可以用 0.1% 的升汞和 1%~2% 溴水消毒 5min。

3. 根及地下器官的消毒

先用自来水冲洗、软毛刷刷洗,再用酒精漂洗,而后置于 0.1%~0.2% 的升汞溶液中浸泡 5min~10min,或用 2% 的次氯酸钠溶液浸泡 10min~15min,用无菌水冲洗 2~3 次用无菌滤纸吸干水分后即可接种。若条件允许,可将材料浸入消毒液中进行抽气减压,以帮助消毒液进入内部,达到彻底消毒的目的。

4. 花药的消毒

用于组织培养的花药通常是未成熟的,由于它外面有花萼、花瓣或颖片保护,基本上处于无菌状态,接种时只需将整个花蕾或幼穗消毒就可以了,一般是将材料用 70% 的酒精溶液浸泡数秒钟后用无菌水冲洗 2~3 次,然后在漂白粉的上清液中浸泡 10min,再经无菌水冲洗 2~3 次就可以用于接种了。

尽管在植物组织培养中经常用次氯酸钠和升汞进行消毒,但二者在常规灭菌剂量范围内均可对植物材料产生多种影响。升汞会抑制激素对细胞壁的影响,而次氯酸钠可能促进体细胞胚胎的发生,用次氯酸钠消毒的黄瓜种子其发芽系数低于用升汞处理的,但苗高、苗重、子叶重、子叶开度、叶绿素含量和可溶性蛋白含量都比用升汞处理的高。因此,在选择消毒剂时,除了要考虑消毒效果和清除残留物外,还应适当注意消毒剂对植物材料的生理影响。

## 1.3.3 外植体的接种与培养

### 一、接种室消毒

组织培养污染的主要来源之一是空气中的细菌与真菌孢子。因为接种时有一个敞口的过程,是极易引起污染的时期。所以,接种室要严格进行空间消毒。具体地讲,接种室要保持定期用 1%~3% 的高锰酸钾溶液对设备、墙壁、地板等进行擦洗。除了使用前用紫外线

和甲醛灭菌外,还可在使用期间用70%的酒精或3%的来苏儿喷雾,使空气中灰尘颗粒沉降下来。无菌操作可按以下步骤进行:

(1)在接种4h前用甲醛熏蒸接种室,并打开室内紫外灯进行灭菌。

(2)在接种前20min,打开超净工作台的风机以及台上的紫外灯。

(3)接种员要事先修剪好指甲,进入接种室前在缓冲间换上已消毒的专用实验服和拖鞋,用肥皂水洗净双手,最好再用新洁尔灭溶液浸泡10min,接种操作前再用70%的酒精擦洗,特别是指甲处。

(4)上工作台后,先用消毒液擦拭工作台面和接种工具,再将镊子和剪子从头至尾过火一遍,然后反复过火尖端处,对培养皿要过火烤干。

(5)接种时,接种员双手不能离开工作台,不能说话、走动和咳嗽,以免呼出的气体产生污染。

(6)接种完毕后要清理干净工作台,可用紫外灯灭菌30min。若连续接种,每5天要大强度灭菌一次。

(7)定期清洗超净工作台的过滤膜,以延长其使用寿命(图1-3-2)。

图1-3-2　接种

## 二、外植体的接种

接种就是将已消毒好的根、茎、叶等离体器官,经切割或剪裁成小段或小块,放入培养基的过程。

组织培养无菌接种的程序如下:

(1)将初步洗涤及切割的材料放入烧杯,带入超净台上,用消毒剂灭菌,再用无菌水冲洗,最后沥去水分,取出放置在灭过菌的4层纱布上或滤纸上。

（2）材料吸干后，一手拿镊子，一手拿剪子或解剖刀，对材料进行适当的切割。如叶片切成0.5cm见方的小块；茎切成含有一个节的小段。微茎尖要剥成只含1～2片幼叶的茎尖大小等。较大的材料肉眼观察即可操作，较小的材料需要在双筒实体显微镜下放大操作。分离材料所使用的工具要锋利，切割动作要迅速，以防挤压材料，使其受损而导致培养失败。在接种过程中为了防止交叉污染，已用过或已污染的滤纸不能再用，接种器械要经常灼烧灭菌，使用后的器械要放入70%的酒精溶液中浸泡。

（3）用灼烧消毒过的器械将切割好的外植体插植或放置到培养基上，注意经火焰灼烧的器械冷却后才可用于接种，否则会烫伤外植体。

接种操作的具体过程是：先解开包口纸，将试管几乎水平拿着，使试管口靠近酒精灯火焰，并将管口在火焰上方转动，使管口里外灼烧数秒钟。若用棉塞盖口，可先在管口外面灼烧，去掉棉塞，再烧管口里面。然后用镊子夹取一块切好的外植体送入试管内，轻轻插入培养基上。若是叶片直接附在培养基上，以放1～3块为宜。培养材料在培养容器内的分布要均匀，以保证必要的营养面积和光超条件。材料放置方法一般是茎尖、茎段要正放（尖端向上），叶片要将其背面接触培养基（由于背面气孔多，有利于吸收水分和营养物质）。放置材料数量现在倾向少放，对外植体每次接种以一支试管放一枚组织块为宜，这样可以节约培养基和人力，一旦培养物污染可以抛弃。接完种后，将管口在火焰上再灼烧数秒钟，并用棉塞塞好，包口纸里面过火后，包上包口纸。最后做好记录，注明处理材料的物种名称、处理方法、接种日期等。

### 三、外植体的培养

即把培养材料放在培养室（有光照、温度条件）里，使之生长、分裂和分化形成愈伤组织或进一步分化成再生植株的过程。目前植物组织培养的方式可分为固体培养和液体培养两大类。随着研究的深入，现代又有人提出单细胞培养的多种培养方法。

1. 固体培养法

固体培养法就是指用琼脂固化培养基来培养植物材料的方法，是现在最常用的方法。该方法的最大优点是设备简单，易操作。但缺点是培养物只有底部表面能接触培养基吸收养分，因而会造成细胞各部分营养浓度上产生差异，影响生长，并常有褐化中毒现象发生。同时培养物插入培养基后，气体交换不畅及排泄物（如单宁等）的积累，继而影响组织吸收养分和造成毒害。另外组织受光不均匀，细胞群生长不一致等。尽管如此，但现在仍然是普遍适用的方法之一。

2. 液体培养法

液体培养法就是指用不加固化剂的液体培养基培养植物材料的方法。液体培养又分为静止培养和振荡培养。前者就是用滤纸桥作支架，将培养物接种在桥面上，通过滤纸桥把液体培养基中的养分吸上来供外植体生长所用。此法目前使用不十分普遍。

现在大多采用的液体培养方式是振荡培养。由于静止的液体培养基中氧气含量较少，通常需要通过搅动或振动培养液的方法以确保氧气的供给。对于大量培养而言，多采用往复式摇床或旋转式摇床进行培养，其速度一般为50～100转/min，这是一种连续浸没的培养方法，该方法可以形成较好的通气条件。此外，还可以采用定期浸没方法进行液体培养，此方法使用的仪器是自制的自旋式培养架，可以使组织块定期交替浸没在培养基中或暴露于空气里,有利于养分的吸收和气体交换(图1-3-3)。

图1-3-3　组培苗培养

## 1.4　培 养 条 件

接种以后,外植体必须置于比较严格的控制条件下进行培养。一般而言,组织培养所需的条件包括：温度、湿度、光照；培养基组成、pH、渗透压等各种环境条件。这些环境条件都会影响组织培养育苗的生长和发育。

### 1.4.1　温　度

温度是植物组织培养中的重要因素,所以植物组织培养在最适宜的温度下生长分化才能表现良好,大多数植物组织培养 都是在23℃～27℃之间进行,一般采用25℃±2℃。低于15℃时培养,植物组织会表现生长停止,高于35℃时对植物生长不利。不同植物培养的适温不同。百合的最适温度是20℃,月季是25℃～27℃,番茄是28℃。温度不仅影响植物组织培养育苗的生长速度,也影响其分化增殖以及器官建成等发育进程。在考虑某种培养物的温度要求时,还应考虑原植物的生态环境所处的温度条件,如生长在高海拔和较低温度环境的松树,在高温条件下培养时生长较慢。温度处理对培养苗增殖也有影响,高温处理既可获得脱毒苗,又会影响到植物器官的发生。如烟草芽的形成以28℃为最好,在12℃以下、33℃以上形成率皆较低。不同培养目标采用的培养温度也不同,百合鳞片在30℃以下小鳞茎的发叶速度和百分率都比在25℃以下的高。桃胚在2℃～5℃条件进行一定时间的低温处理,有利于提高胚培养成活率。用35℃处理草莓的茎尖分生组织3d～5d,可得到无病毒苗。

## 1.4.2 光照

组织培养中光照也是重要的条件之一，它对外植体的生长与分化有较大的影响。主要表现在光强、光质以及光照时间（光周期）等方面。

### 一、光照强度

光照强度对培养细胞的增殖和器官的分化有重要影响，从目前的研究情况看，光照强度对外植体细胞的最初分裂有明显的影响。一般来说，光照强度较强，幼苗生长的粗壮，而光照强度较弱幼苗容易徒长。但又不能一概而论，有些材料适合光照培养，有些材料则适合暗培养，如玉簪花芽和花茎的培养，前者愈伤组织的诱导率以暗培养为高，后者则只有在暗培养时才能诱导出愈伤组织。

有些植物（荷兰芹）组织培养时，器官的形成不需要光，而另一些植物（黑穗醋栗）在光下培养时才有较高的增殖率。

### 二、光质

光质对愈伤组织诱导，培养组织的增殖以及器官的分化都有明显的影响。如百合珠芽在红光下培养，8周后，不仅分化出愈伤组织，同时还能直接分化成苗。但在蓝光下培养，几周后才出现愈伤组织。白光下培养则不能形成愈伤组织，可见红光能促进百合珠芽生长与分化。唐菖蒲子球块接种15天后，在蓝光下培养首先出现芽，形成的幼苗生长旺盛，而白光下幼苗纤细。对于杨树组织培养而言，红光有促进作用，蓝光则有阻碍作用。王晓明等人的研究表明：蓝光比白光和黑暗等条件更能促进绿豆下胚轴愈伤组织的形成。倪德祥等人在用红、蓝、白、绿等不同光质培养双色芋时发现：不同光值不仅影响培养物的生物总量，还能影响到器官的发生，其中以黄光诱导发生的频率最高。关于不同光质对不同植物组织培养苗增殖和分化的影响不一致现象可能与植物组织中的光美色素和隐花色素有关。

### 三、光周期

研究发现光周期可以一定程度上影响组织培养物的增殖与分化。因此，培养时要选用一定的光暗周期来进行组织培养，最常用的周期是16h的光照，8h的黑暗。研究表明，对短日照敏感的品种的器官、组织在短日照下易分化。如对短日照敏感的葡萄品种的茎段组织培养时，只有在短日照条件下才能分化出根，而在长日照下产生愈伤组织。也有人发现非洲菊的增殖随光照时间的延长而加快，但超过16h则无作用。有时也需要暗培养，如红花、乌饭树等植物的愈伤组织在暗处比在光下生长更好。

## 1.4.3 培养基的pH

不同的植物对培养基最适pH的要求也是不同的（表1-4-1）。通常培养基的pH在5.6～6.0之间，一般培养基皆要求5.8。如果pH不适则直接影响外植体对营养物质的吸收，进而影响其分化、增殖和器官的形成。pH对不同植物，甚至是同一种植物不同组织的影响存在有一定的差异，如玉米胚愈伤组织在pH为7.0时鲜重增加最快，在pH为6.1时干重增长最快。此外,培养基中含有 $Fe_2(SO_4)_3$ 或 $FeCl_3$ 时,pH 应在 5.2 以下,否则铁盐会不溶于水而沉淀,进而引起组织培养苗缺铁而生长缓慢。

表 1-4-1　不同植物的最适 pH 值

| 植物名称 | 组培最适 pH 值 | 植物名称 | 组培最适 pH 值 |
| --- | --- | --- | --- |
| 杜鹃 | 4.0 | 蚕豆 | 5.5 |
| 月季 | 5.8 | 桃 | 7.0 |
| 越桔 | 4.5 | 番茄、葡萄 | 5.7 |
| 胡萝卜、石刁柏 | 6.0 | | |

### 1.4.4　湿　度

影响组织培养的湿度包括以下两个方面:培养容器内的湿度和培养室内环境的湿度。容器内湿度主要受培养基水分含量、封口材料、培养基内琼脂含量等因素的影响。在冬季应适当减少琼脂用量,否则,将使培养基过硬,以致不利于外植体接触或插进培养基,导致生长发育受阻。封口材料直接影响容器内湿度情况,但封闭性较高的封口材料易引起透气性受阻,也会导致植物生长发育受影响。培养室内环境的相对湿度可以影响培养基的水分蒸发,湿度过低会使培养基丧失大量水分,导致培养基各种成分浓度的改变和渗透压的升高,进而影响组织培养的正常进行。湿度过高时,易造成杂菌滋长,造成污染。一般要求培养室内要保持 70%~80% 的相对湿度,由于室内空气相对湿度随季节更替会发生较大幅度的变化,因此,常用加湿器或经常洒水、或使用去湿器等方法来进行调节。

### 1.4.5　渗透压

培养基中由于有添加的盐类、蔗糖等化合物,因此,而影响到渗透压的变化。通常 1~2 个大气压对植物生长有促进作用,2 个大气压以上就对植物生长有阻碍作用,而 5~6 个大气压植物生长就会完全停止,6 个大气压植物细胞就不能生存。

### 1.4.6　气　体

氧气是组织培养中必需的因素,瓶盖封闭时要考虑通气问题,可用附有滤气膜的封口材料。通气最好的是棉塞封闭瓶口,但棉塞易使培养基干燥,夏季易引起污染。固体培养基可加活性炭来增加通气度,以利于发根;接种时应避免把外植体全部埋入培养基中,以免造成缺氧。静止液体培养时应考虑用滤纸桥。液体振荡培养时,要考虑振荡的次数、振幅等,同时要考虑容器的类型、培养基、改善室内的通气状况等。

此外,培养过程中,培养物释放的微量乙烯和高浓度的二氧化碳,有时会有利于培养物的生长,但有时会阻碍其生长,甚至还有可能对培养物产生毒害。

## 1.5 培养的过程

### 1.5.1 初代培养

初代培养旨在获得无菌材料和无性繁殖系，即接种某种外植体后，最初的几代培养。初代培养时，常用诱导或分化培养基，即培养基中含有较多的细胞分裂素和少量的生长素。初代培养建立的无性繁殖系包括：茎梢、芽丛、胚状体和原球茎等。根据初代培养时发育的方向可分为：

**一、顶芽和腋芽的发育**

采用外源的细胞分裂素，可促使具有顶芽或没有腋芽的休眠侧芽启动生长，从而形成一个微型的多枝多芽的小灌木丛状的结构。在几个月内可以将这种丛生苗的一个枝条转接继代，重复芽-苗增殖的培养，并且迅速获得多数的嫩茎。然后将一部分嫩茎转移到生根培养基上，就能得到可种植到土壤中去的完整的小植株。一些木本植物和少数草本植物也可以通过这种方式来进行再生繁殖，如月季、茶花、菊花、香石竹等。这种繁殖方式也称为微型扦插，它不经过发生愈伤组织而再生，所以是最能使无性系后代保持原品种特性的一种繁殖方式。适宜这种再生繁殖的植物，在采样时，只能采用顶芽、侧芽或带有芽的茎切段，其他如种子萌发后取枝条也可以。

茎尖培养可看做是这方面较为特殊的一种方式。它采用极其幼嫩的顶芽的茎尖分生组织作为外植体进行接种。在实际操作中，采用包括茎尖分生组织在内的一些组织来培养，这样便保证了操作方便以及容易成活。

靠培养定芽得到的培养物一般是茎节较长，有直立向上的茎梢，扩繁时主要用切割茎段法，如香石竹、矮牵牛、菊花等。但特殊情况下也会生出不定芽，形成芽丛。

**二、不定芽的发育**

在培养中由外植体产生不定芽，通常首先要经脱分化过程，形成愈伤组织的细胞。然后，经再分化，即由这些分生组织形成器官原基，它在构成器官的纵轴上表现出单向的极性（这与胚状体不同）。多数情况下它先形成芽，后形成根。

另一种方式是从器官中直接产生不定芽，有些植物具有从各个器官上长出不定芽的能力，如矮牵牛、福禄寿、悬钩子等。在试管培养的条件下，培养基中提供了营养，特别是连续不断提供了植物激素的供应，使植物形成不定芽的能力被大大地激发起来。许多种类的外植体表面几乎全部为不定芽所覆盖。在许多常规方法中不能无性繁殖的种类，在试管条件下却能较容易地产生不定芽而再生，如柏科、松科、银杏等一些植物。许多单子叶植物储藏器官能强烈地发生不定芽，用百合鳞片的切块就可大量形成不定鳞茎。

在不定芽培养时，也常用诱导或分化培养基。对靠培养不定芽得到的培养物，一般采用芽丛进行繁殖，如非洲菊、草莓等。

### 三、体细胞胚状体的发生与发育

体细胞胚状体类似于合子胚但又有所不同,它也通过球形、心形、鱼雷形和子叶形的胚胎发育时期,最终发育成小苗。但它是由体细胞发生的。胚状体可以从愈伤组织表面产生,也可从外植体表面已分化的细胞中产生,或从悬浮培养的细胞中产生。

### 四、初代培养外植体的褐变

外植体褐变是指在接种后,其表面开始褐变,有时甚至会使整个培养基褐变的现象。它的出现是由于植物组织中的多酚氧化酶被激活,而使细胞的代谢发生变化所致。在褐变过程中,会产生醌类物质,它们多呈棕褐色,当扩散到培养基后,就会抑制其他酶的活性,从而影响所接种外植体的培养。褐变的主要原因如下:

1. 植物品种

研究表明,在不同品种间的褐变现象是不同的。由于多酚氧化酶活性上的差异,有些花卉品种的外植体在接种后较容易褐变,而有些花卉品种的外植体在接种后不容易褐变,因此,在培养过程中应该有所选择,对不同的品种分别进行处理。

2. 生理状态

由于外植体的生理状态不同,所以在接种后褐变程度也有所不同。一般来说,处于幼龄期的植物材料褐变程度较浅,而从已经成年的植株采收的外植体,由于含醌类物质较多,因此褐变较为严重。一般来说,幼嫩的组织在接种后褐变程度并不明显,而老熟的组织在接种后褐变程度较为严重。

3. 培养基成分

浓度过高的无机盐会使某些观赏植物的褐变程度增加,此外,细胞分裂素的水平过高也会刺激某些外植体的多酚氧化酶的活性,从而使褐变现象加深。

4. 培养条件不当

如果光照过强、温度过高、培养时间过长等,均可使多酚氧化酶的活性提高,从而加速被培养的外植体的褐变程度。

为了提高组织培养的成苗率,必须对外植体的褐变现象加以控制。可以采用以下措施防止、减轻褐变现象的发生:

第一,选择合适的外植体。一般来说,最好选择生长处于旺盛的外植体,这样可以使褐变现象明显减轻。

第二,营造合适的培养条件。无机盐成分、植物生长物质水平、适宜温度、及时继代培养均可以减轻材料的褐变现象。

第三,使用抗氧化剂。在培养基中,使用半胱氨酸、抗坏血酸等抗氧化剂能够较为有效地避免或减轻很多外植体的褐变现象。另外使用0.1%~0.5%的活性炭对防止褐变也有较为明显的效果。

第四,连续转移。对容易褐变的材料可间隔12h~24h的培养后,再转移到新的培养基上,这样经过连续处理7d~10d后,褐变现象便会得到控制或大为减轻。

## 1.5.2 继代培养

在初代培养的基础上所获得的芽、苗、胚状体和原球茎等,数量都还不多,它们需要进一步增殖,使之越来越多,从而发挥快速繁殖的优势。

继代培养是继初代培养之后的连续数代的扩繁培养过程。旨在繁殖出相当数量的无根苗,最后能达到边繁殖边生根的目的。继代培养的后代是按几何级数增加的过程。如果以2株苗为基础,那么经10代将生成210株苗。

继代培养中扩繁的方法包括:切割茎段、分离芽丛、分离胚状体、分离原球茎等。切割茎段常用于有伸长的茎梢、茎节较明显的培养物。这种方法简便易行,能保持母种特性,培养基常是MS基本培养基;分离芽丛适于由愈伤组织生出的芽丛,培养基常是分化培养基。若芽丛的芽较小,可先切成芽丛小块,放入MS培养基中,待到稍大时,再分离开来继续培养。增殖使用的培养基对于一种植物来说每次几乎完全相同,由于培养物在接近最良好的环境条件、营养供应和激素调控下,排除了其他生物的竞争,所以能够按几何级数增殖。

在快速繁殖中初代培养只是一个必经的过程,而继代培养则是经常性不停进行的过程。但在达到相当的数量之后,则应考虑使其中一部分转入生根阶段。从某种意义上讲,增殖只是贮备母株,而生根才是增殖材料的分流,生产出成品。

实践表明,当植物材料不断地进行离体繁殖时,有些培养物的嫩茎、叶片往往会呈半透明水迹状,这种现象通常被称为玻璃化。它的出现会使试管苗生长缓慢、繁殖系数有所下降。玻璃化为试管苗的生理失调症。因为出现玻璃化的嫩茎不宜诱导生根,因此,使繁殖系数大为降低。在不同的种类、品种间,试管苗的玻璃化程度也有所差异。当培养基上细胞分裂素水平较高时,也容易出现玻璃化现象。在培养基中添加少量聚乙烯醇、脱落酸等物质,能够在一定程度上减轻玻璃化的现象发生。呈现玻璃化的试管苗,其茎、叶表面无蜡质,体内的极性化合物水平较高,细胞持水力差,植株蒸腾作用强,无法进行正常移栽。这种情况主要是由于培养容器中空气湿度过高,透气性较差造成的,其具体解决的方法为:

(1) 增加培养基中的溶质水平,以降低培养基的水势;
(2) 减少培养基中含氮化合物的用量;
(3) 增加光照;
(4) 增加容器通风,最好进行$CO_2$施肥,这对减轻试管苗玻璃化的现象有明显的作用;
(5) 降低培养温度,进行变温培养,有助于减轻试管苗玻璃化的现象发生;
(6) 降低培养基中细胞分裂素含量,可以考虑加入适量脱落酸。

## 1.5.3 生根培养

当材料增殖到一定数量后,就要使部分培养物分流到生根培养阶段。若不能及时将培养物转到生根培养基上去,就会使久不转移的苗子发黄老化,或因过分拥挤而使无效苗增多造成抛弃、浪费。根培养是使无根苗生根的过程,这个过程目的是使生出的不定根浓密而粗壮。生根培养可采用1/2或者1/4MS培养基,全部去掉细胞分裂素,并加入适量的生长素

（NAA、IBA 等）。诱导生根可以采用下列方法：

(1) 将新梢基部浸入(50～100)×$10^{-6}$mol/L IBA 溶液中处理 4h～8h；

(2) 在含有生长素的培养基中培养 4d～6d；

(3) 直接移入含有生长素的生根培养基中。

上述三种方法均能诱导新梢生根，但前两种方法对新生根的生长发育则更为有利。而第三种对幼根的生长有抑制作用。其原因是当根原始体形成后较高浓度生长素的继续存在，则不利于幼根的生长发育。不过这种方法比较可行。

另外，采用下列方法也可生根：

延长在增殖培养基中的培养时间；有意降低一些增殖倍率，减少细胞分裂素的用量（即将增殖与生根合并为一步）；切割粗壮的嫩枝在营养钵中直接生根。此方法虽则没有生根阶段，可以省去一次培养基制作，切割下的插穗可用生长素溶液浸蘸处理，但只适于一些容易生根的作物。

另有少数植物生根比较困难时，则需要在培养基中放置滤纸桥，使其略高于液面，靠滤纸的吸水性供应水和营养，从而诱发生根。

从胚状体发育成的小苗，常常有原先已分化的根，这种根可以不经诱导生根阶段而生长。但因经胚状体途径发育的苗数特别多，并且个体较小，所以也常需要一个低浓度或没有植物激素的培养基培养的阶段，以便壮苗生根。

试管内生根壮苗的阶段，为了成功地将苗移植到试管外的环境中，以使试管苗适应外界的环境条件，通常不同植物的适宜驯化温度不同。如菊花，以 18℃～20℃为宜。实践证明植物生长的温度过高不但会牵涉到蒸腾加强，而且还牵涉到菌类易滋生的问题。温度过低使幼苗生长迟缓，或不易成活。春季低温时苗床可加设电热线，使基质温度略高于气温 2℃～3℃，这不但有利于生根和促进根系发达，而且还有利于提前成活。

移植到试管外的植物苗光照强度应比移植前培养有所提高，并可适当增加强度较高的漫射光（约 4 000lx 左右），以维持光合作用所需光照强度。但光线过强刺激蒸腾加强，会使水分平衡的矛盾更尖锐。

## 1.5.4　试管苗移栽驯化

驯化概念：植物由一种生长环境转到另一种差异较大的生长环境的适应过程，如引进一种植物先要对其进行驯化。

驯化原因：试管苗是在无菌、有营养供给、适宜光照和温度以及近乎 100% 的相对湿度的相对优越的环境条件下生长的。在生理、形态等方面都与自然条件生长的正常小苗有很大差异。

主要驯化障碍：湿度，试管苗叶片角质层不发达，叶片通常没有表皮毛，或仅有较少表皮毛，叶片上甚至出现了大量的水孔。此外，气孔的数量、大小也往往超过普通苗。当将它们直接移栽到自然环境中，试管苗蒸腾作用极大，失水率很高，非常容易死亡。

驯化措施：先是通过增加小环境湿度、减弱光照、降低温度等变化，然后逐渐降低湿度、增加光照、增加温度至自然状态。通过这样的湿度由高至低、光照由弱至强、温度由低至高的炼苗过程,使它们在生理、形态、组织上发生相应的变化,逐渐地适应外界的自然环境(图1-5-1)。

图1-5-1 炼苗

**一、移栽使用的基质**

基质要具备透气性、保湿性和一定的肥力,容易灭菌处理,不利于杂菌滋生。常选用珍珠岩、蛭石、河沙、泥炭等(表1-5-1)。

表1-5-1 几种常见基质的物理性状

| 基质 | 密度/(g/cm$^3$) | 总孔隙度/% | 大孔隙/% | 小孔隙/% |
| --- | --- | --- | --- | --- |
| 河沙 | 1.49 | 30.5 | 29.5 | 45.0 |
| 蛭石 | 0.13 | 95.0 | 30.0 | 65.0 |
| 珍珠岩 | 0.16 | 93.2 | 53.0 | 40.2 |
| 泥炭 | 0.21 | 84.4 | 7.1 | 77.3 |

**1. 珍珠岩**

珍珠岩是含硅的矿物质在炉体中加热到760℃形成的质轻膨松的颗粒体。一般为80kg/m$^3$~130kg/m$^3$。珍珠岩密度小,搬运方便,总孔隙度93%,可容纳自身重量3~4倍的水。其pH基本呈中性,阳离子代换量小,含有硅、铝、铁、锰、钾等的氧化物。它不易发生分解。珍珠岩一般不单独使用,多与其他基质混合使用。单独使用时因质轻,如浇水过猛易产生漂浮,不利于根系固定。为此可将珍珠岩与泥炭等量混合。

**2. 蛭石**

蛭石为云母类次生矿物在1 000℃炉体中加热膨胀形成的多孔海绵状物体。蛭石质地较轻,96kg/m$^3$~160kg/m$^3$,密度较小,总孔隙度很大,有良好的透气性和保水性,具有较高的阳离子代换量和较强的缓冲性能,能够暂时保存养分,其中还含钙、镁、钾、铁等成分,是较理想的基质种类。我国蛭石资源丰富,密度小,搬运方便,保水和持水能力强,管理省工。育苗时可过筛后使用,可以单独使用。

3. 河沙

河沙取材方便,资源丰富,成本低,透气性好,排水性强,但沙子密度大($1.5g/cm^3$~$1.8g/cm^3$),不便运输,热传导快,保水持水力差,易受河水污染。一般不单独用来直接栽种试管苗。一般选用粒径为 0.5mm~3mm 的砂为宜。

4. 草炭

草炭又称泥炭,是由沉积在沼泽中的植物残骸经过长时间的腐烂所形成。草炭质地细腻,持水和保水能力强,但通常通气性较差。泥炭富含有机质和营养物质,具有较强的缓冲能力。草炭用作基质,管理方便,成功率高,但通常不能单独用来栽种试管苗,宜与其他基质混合形成复合基质,从而充分发挥各自的优势,弥补其不足。

5. 腐殖土

来源:是由植物落叶经腐烂所形成。腐叶上含有大量的矿质营养、有机物质。性质和草炭相似。它通常不单独使用,掺有腐殖土的栽培基质有助于植株发根。

6. 复合基质的使用

一般用珍珠岩:蛭石:草炭或腐殖土为 1:1:0.5。也可用河沙:草炭或腐殖土为1:1。基质在使用前应灭菌,少量用高压灭菌,多时用烘烤、蒸汽、药物等方法。

## 二、栽培容器

栽培容器可用大型栽培槽或 6cm×6cm 至 10cm×10cm 的软塑料钵,也可用育苗盘。前者占地大,耗用大量基质,但幼苗不用再移,后者需要二次移苗,但节省空间和基质。

## 三、移栽和幼苗的管理

1. 移栽

移栽前将培养物不开口移到自然光照下锻炼 2d~3d,然后开口炼苗 1d~2d。从试管用镊子取出发根的小苗,冲洗掉根部粘着的培养基,用竹签在基质中插孔,然后将小苗插入,栽后把苗周围基质压实,栽后轻浇薄水。

注意:幼苗较嫩,防止弄伤。栽前基质要浇透水。栽后移入高湿度的环境中,保证空间湿度达 90% 以上。

2. 管理

(1)保持小苗的水分供需平衡。

原则:移栽后 5d~7d 内,保持较高的空气湿度,接近培养瓶的条件。当 5d~7d 后,发现小苗有生长趋势,可逐渐降低湿度,让小苗始终保持挺拔的状态。

做法:营养钵的培养基质要浇透水,所放置的床面也要浇湿,搭设小拱棚,并且初期要常喷雾处理,保持拱棚薄膜上有水珠出现。后期减少喷水次数,将拱棚两端打开通风,使小苗适应湿度较小的条件。约 15 天以后揭去拱棚的薄膜,并逐渐减少浇水,促进小苗长得粗壮。

(2)防止菌类滋生。

原则:试管苗原来是无菌的,而驯化条件湿润易生杂菌,应尽量不使菌类大量滋生。

## 第 1 章　植物组织培养的基本技术

做法：对基质进行灭菌；对幼苗喷洒杀菌剂，如多菌灵、托布津，每 7d～10d 一次；在移苗时尽量少伤苗；喷水时可加入 0.1% 的尿素，或用 1/2MS 大量元素的水溶液。

（3）一定的温、光条件。

原则：适宜的生根温度是 18℃～20℃。温度过低使幼苗生长迟缓，或不易成活；温度过高蒸腾加强，水分平衡受破坏，以及菌类滋生等。光照管理上初期可用较弱的光照，后期用自然的强光照。

做法：冬、春季地温较低时，可用电热线来加温。减弱光照可在小拱棚上加盖遮阳网或报纸等。后期当小植株有了新的生长时，逐渐加强光照，至直接利用自然光照。

（4）保持基质适当的通气性。

要选择适当的颗粒状基质，保证良好的通气作用。管理过程中不要浇水过多，过多的水应能迅速沥除，以利根系呼吸。

只要把水分平衡、适宜的介质、控制杂菌和适宜的光、温条件控制好，试管苗是很容易移栽的（图 1-5-2、3）。

图 1-5-2　移栽

图 1-5-3　定植

## 本章小结

植物组织培养实验室主要由普通实验室、无菌接种室、恒温培养室和细胞学实验室组成。常用的培养基有：(1) MS 培养基，其特点是无机盐和离子浓度较高；(2) B5 培养基，其特点是含有较低的铵；(3) White 培养基，其特点是无机盐低，适于生根；(4) N6 培养基，其特点是 $KNO_3$ 和 $(NH_4)_2SO_4$ 含量较高，适于花药培养；水、无机营养素、有机化合物、天然复合物、培养体的支持材料是构成培养基的五种主要成分。

配制培养基先配制母液。配成大量元素 10 倍液；微量元素 100 倍液；铁盐 100 倍液；有机物 50 倍液；激素 1mg/L 液。高压灭菌时，压力通常为 0.1MPa 以上，持续 20min。筛选合适的培养基一般有四种方法，即单因子试验法、多因子试验法、逐步添加和排除法以及广谱实验法。植物组织培养技术包括灭菌、接种、培养和驯化四个环节。

灭菌是指用物理或化学的方法杀死物体表面和孔隙内的微生物及其孢子。消毒只是杀死、消除或抑制部分微生物的活动，使之不能再发生危害作用，不如灭菌彻底。常用的灭菌方法有两种：物理方法和化学方法。干热、湿热、射线处理、过滤等属于前者；升汞、来苏水、高锰酸钾、酒精等化学药剂处理则属于后者。培养基一般采用湿热灭菌法；耐热的玻璃器皿和器械一般采用干热灭菌法；镊子等接种用工具则采用灼烧灭菌法；不耐热的物质如生长调节剂等一般采用过滤除菌法。高压蒸汽灭菌前，要注意排净里面的冷空气；保压时间到达后,要使指针回零才能开盖取物。

接种程序包括:(1)植物材料表面的消毒;(2)切割外植体;(3)将外植体移入培养基。

培养方法主要有固体培养法和液体培养法。前者是比较常用的方法,简便易行。接种后材料的培养步骤可分为:初代培养、继代培养、生根培养。

驯化时要注意培养基质的选择和温、光、水、肥、气的综合管理。

### 复习思考

1. 目前常用的培养基种类有哪些?各有什么特点?
2. 培养基包括哪些成分?各有什么作用?
3. 简要说明 MS 培养基的基本组成。
4. 配制培养基时,为什么要先配母液?如何配制母液?
5. 怎样利用母液配制培养基?
6. 培养基内加入活性炭的目的是什么?应注意什么问题?
7. 配制培养基时,为什么要加入一定量的植物生长物质?
8. 怎样进行培养基的高压湿热灭菌?
9. 选择培养基有哪几种方法?试比较它们的优劣。
10. 灭菌和消毒有何差别?为什么?
11. 常用的灭菌方法各有哪些优缺点?
12. 采用高压蒸汽锅高压灭菌时,应注意哪些事项?
13. 实验人员进入接种室接种之前,应做哪些准备工作?
14. 接种的植物材料如何进行预处理?如何接种?

# 第2章 脱毒技术

**本章导读**

本章重点介绍植物病毒检测方法,脱毒方法,脱毒苗的培育,并要求学生熟悉脱毒操作与脱毒苗繁殖、保存和利用的注意事项。

## 2.1 病毒检测

### 2.1.1 植物病毒的概念与形态

**一、植物病毒的基本概念**

人类对于植物病毒的认识,是随着科学技术的发展逐步深入的。早在17世纪初,就有郁金香杂色花的记载,人们早就看到有些植物表现花叶、黄化、萎缩等症状。但在当时,因为人们对于病毒还一无所知,所以把这些异常现象,都归因于生理的或遗传的原因,或归因于其他毒素的作用。直到1886年,德国人M. Yer发现,把烟草花叶病植株的汁液接种到无病烟草上可以使健康植株发病,于是他断定烟草花叶病是由细菌引起的。1892年,俄国学者Ivanowski又发现,烟草花叶病的病原物,可以通过细菌不能通过的微孔漏斗,因此他认为,烟草花叶病的病原不是细菌,而是一种"传染性活液"。1898年,荷兰人Be和Rinck把这种"传染性活液"定名为病毒。其后又经过近40年,美国的Stonlcy(1935)把烟草花叶病毒提纯,得到它的结晶体,证实病毒是一种含有核酸的蛋白质,并逐步明确病毒是由一种核酸和蛋白质衣壳组成的非细胞形态的分子生物。近年来,还发现了无浸染力的卫星病毒,这是目前所知的最小病毒。随着人们对病毒认识的不断深入,病毒的定义也随认识的提高而改变。

根据目前的认识,可把病毒概括为"是一种非细胞形态的专性寄生物,是最小的生命实体,仅含有一种核酸和蛋白质,必须在活细胞中才能增殖"。

### 二、植物病毒的形态

病毒是最小的生命实体,完整成熟的病毒称为病毒粒体成毒粒,有固定的形态和大小。病毒粒体有杆状、线状、球状三种。杆状和线状病毒有平头的和回头的,分别称为杆菌状或弹状。不同形态的病毒其大小也不同,计量单位用纳米(nm)表示。线状病毒一般长 480nm～1 250nm,宽 10nm～13nm;杆状病毒一般长 130nm～300nm,宽 15nm～20nm;杆苗状病毒一般长约 240nm,宽 18nm～90nm;球状病毒实际是个多面体,直径 16nm～80nm。

## 2.1.2 植物病毒的侵染与传播

### 一、植物病毒的侵染

病毒是极小的生命体,它不能靠自身的力量侵入植物细胞,只能借助外力,通过植物细胞的微伤或通过昆虫刺吸式口器,把病毒送入植物细胞内。病毒进入植物细胞后进行增殖,病毒的核酸起决定性作用。病毒的核酸具有自我复制的能力,这种能力称为遗传信息。植物病毒的遗传信息,大多数都是由 RNA 组成。病毒粒体进入植物细胞,脱掉外壳蛋白质后,核酸就开始增殖。

### 二、植物病毒的传播

植物病毒是一种专性寄生物,在寄主活体外的存活期一般比较短。其近距离传播主要依靠活体接触摩擦,远距离传播则靠寄主的繁殖材料和昆虫介体等。

1. 介体传播

(1) 昆虫传播。能作为介体的昆虫绝大多数具有刺吸式口器,其中以蚜虫占首位。

(2) 线虫传播。线虫在土壤中进行传播,也像蚜虫那样有一种刺吸的习性。

(3) 蝶传播。传播病毒的蝶分别属于窟蜗科和叶蜗科,两者都有刺吸式口器时,也要吐出唾液,然后把病毒和细胞汁一起吸入。

2. 接触传播

(1) 自然接触传播。如风、雨等促使植物地上部分接触及根在地下接触等。

(2) 汁液接种传播。这是实验中常用的接种方法,接种时用感染株汁液在另一健株上摩擦,经微伤而侵入。

(3) 人为接触传播。移苗、整枝、摘芽、修剪、中耕除草等农事操作均可传毒。

(4) 嫁接及兔丝子的"桥接"传播。将带毒植株做接穗,通过嫁接传播。兔丝子能从一种植物缠绕到另一种植物上,可以看做是一种变相的嫁接,把病毒从病株传到健株。

(5) 种子传播。主要是豆科植物可以通过种子传播。

## 2.1.3 植物病毒的鉴定与检测

采取各种脱毒技术获得脱毒苗后,其植株是否真正脱毒,必须经过严格的鉴定和检测后认为无病毒存在时,方可进行扩大繁殖,推广到生产上作为无毒苗应用。鉴定的方法有多种。

## 一、指示植物法

这是利用病毒在其他植物上产生的枯斑作为鉴别病毒种类的标准,也叫枯斑和空斑测定法。这种专门挑选用于产生局部病斑的寄主称为指示植物,又可称为鉴别寄生。它只能用来鉴定汁液传染的病毒。指示植物法最早是美国的病毒学家 Holmes 于 1929 年发现的。他用感染 TMV 的普通烟叶的粗汁液和少许金刚砂相混,然后在烟叶上摩擦 2~3 天后叶片上出现了局部坏死斑。在一定范围内,枯斑与侵染性病毒的浓度成正比。这种方法条件简单,操作方便,故一直沿用至今,仍为一种经济而有效的鉴定方法。枯斑法不能测出病毒总的核蛋白浓度,而只能测出病毒的相对感染力。

病毒的寄主范围不同,所以应根据不同的病毒选择适合的指示植物。此外,要求所选指示植物一年四季都容易栽培,且在较长的时期内保持对病毒的敏感性,容易接种,并在较广的范围内具有同样的反应。指示植物一般有两种类型:一种是接种后产生系统性症状,其病毒可扩展到植物非接种部位,通常没有局部病斑明显;另一种是只产生局部病斑,常由坏死、褪绿或环状病斑构成。

接种时从被鉴定植物取 1g~3g 幼叶,在研钵中加 10mL 水及少量磷酸缓冲液(pH 7.0),研碎后用两层纱布滤去渣滓,再在汁液中加入少量 500~600 目金钢砂作为指示植物叶片的摩擦剂,使叶面造成小的伤口,而不破坏表面细胞。以后用棉球蘸取汁液在叶面上轻轻涂抹 2~3 次进行接种,后用清水冲洗叶面。接种时可用手指涂抹、用纱布或用喷枪等来接种。接种工作应在防蚜虫温室中进行,保温 15℃~25℃。接种后 2~6 天可见到症状出现。

木本多年生果树植物及草莓等无性繁殖的草本植物,采用汁液接种法比较困难,通常采用嫁接接种的方法。以指示植物作砧木,被鉴定植物作接穗,常用劈接法。

## 二、抗血清鉴定法

植物病毒是由蛋白质和核酸组成的核蛋白,因而是一种较好的抗原,给动物注射后会产生抗体,抗体存在于血清之中称为抗血清。不同病毒产生的抗血清有各自的特异性。用已知抗血清可以鉴定未知病毒的种类。这种抗血清就是高度专一性的试剂,特异性高,测定速度快,一般几小时甚至几分钟就可以完成。血清反应还可用来鉴定同一病毒的不同株系以及测定病毒浓度的大小。所以,抗血清法(简称为血清法)成为植物病毒鉴定中最有用的方法之一。

抗血清鉴定法要进行抗原的制备(包括病毒的繁殖,病叶研磨和粗汁液澄清等),抗血清的采收、分离等。血清可分装到小玻璃瓶中,贮存在 -15℃~-25℃的冰冻条件下。有条件的可以冻制成干粉,密封冷冻后长期保存。测定时,把稀释的抗血清与未知各植物病毒在小试管内仔细混合,这一反应导致形成可见的沉淀。然后根据沉淀反应来鉴定病毒。

## 三、电子显微镜鉴定法

人的眼睛不能观察小于 0.1mm 的微粒,借助于普通光学显微镜也只能看到小至 200μm 的微粒,只有通过电子显微镜才能分辨 0.5μm 大小的病毒颗粒。采用电子显微镜可以直接观察病毒,检查出有无病毒存在,并可得知病毒颗粒的大小、形状和结构,借以鉴定病毒的种类。这是一种较为先进的方法(简称为电镜法),但需一定的设备和技术。

由于电子的穿透力很低,制品必须薄到 10μm~100μm,通常制成厚 20μm 左右的薄片,置于铜载网上,才能在电子显微镜下观察到。近代发展使电镜结合血清学检测病毒,称为免疫吸附电镜(ISEM)。新制备的电镜铜网用碳支持膜使漂浮膜到位,少量的稀释抗血清孵育30分钟,就可以把血清蛋白吸附在膜上。铜网漂浮在缓冲溶液中除去过量蛋白质,用滤纸吸干,加入一滴病毒悬浮液或感染组织的提取液,1h～2h后,以前吸附在铜网上的抗体陷入同源的病毒颗粒,在电镜下即可见到病毒的粒子。这一方法的优点是灵敏度高,并能在植物粗提取液中定量测定病毒。对不表现可见症状的潜伏病毒来说,血清法和电镜法是唯一可行的鉴定方法。在实践中也往往将几种方法结合使用,以提高检测的可信度。能否观察到病毒,还取决于病毒浓度的高低,浓度过低则不易观察到。

### 四、酶联免疫测定法(ELISA 法)

酶联免疫测定法是近年来发展应用于植物病毒检测的新方法,它具有极高的灵敏度、特异性强、安全快速和容易观察结果的优点。ELISA 法的原理是把抗原与抗体的免疫反应和酶的高效催化作用结合起来,形成一种酶标记的免疫复合物。结合在该复合物上的菌,遇到相应的底物时,催化无色的底物水解,形成有色的产物,从而可以用肉眼观察或用比色法定性、定量判断结果。ELISA 法操作简便,无需特殊仪器设备,结果容易判断,而且可同时检测大量样品,近几年来广泛地应用于植物病毒的检测上,为植物病毒的鉴定和检测开辟了一条新途径。

## 2.2 脱毒方法

世界上受病毒危害的植物很多,如粮食作物中的水稻、马铃薯、甘薯等,经济作物中的油菜、百合、大蒜等,而园艺植物受病毒危害更为严重,已知草莓能感染 62 种病毒和类菌质体,苹果能感染 36 种病毒。当植物被病毒侵染后,常造成生长迟缓、品质变劣、产量大幅度降低。这首先是因为园艺植物中有相当多的种类是采用无性繁殖法,利用茎(块茎、球茎、鳞茎、根茎、匍匐茎)、根(块根、宿根)、枝、叶、芽(肉芽、珠芽、球芽、顶芽、腋芽、休眠芽、不定芽)等通过嫁接、分株、扦插、压条等途径繁殖的,因而病毒通过营养体传递给后代,使危害逐年加重。再者,园艺植物产地比较集中,通常是规模化集约栽培,易造成连作危害,加重了土壤传染性病毒和线虫传染性病毒的危害。

病毒病害与真菌和细菌病害不同,不能通过化学杀菌剂和杀菌素予以防治。虽有关于病毒抑制剂的研究,但是病毒的复制增殖与植物正常代谢过程极为密切,因此已知的病毒抑制剂对植物都有毒,且并不能治愈植物。用化学药剂杀死传播媒介昆虫,能减轻一些病毒的蔓延,但有些病毒是机械传播或昆虫一觅食就立即传播的。此外,植物也没有人畜那种特异性的免疫反应可被利用。

无病毒苗的培育,无疑满足了农作物和园艺植物生产发展的迫切需要。自从 20 世纪 50 年代发现通过植物组织培养的方法,可以脱除严重患病毒病植物的病毒,恢复种性,提高产量、质量,组织培养脱毒技术便在生产实践中得到广泛应用,且有不少国家已将其纳入常规良种繁育体系,有的国家还专门建立了大规模的无病毒苗生产基地。我国是世界上从事植物脱毒和快速繁殖最早、发展最快、应用最广的国家,目前已建立了马铃薯、甘薯、草莓、苹果、葡萄、香蕉、菠萝、番木瓜、甘蔗等植物的无病毒苗生产基地,每年可提供几百万株各类脱毒苗。

组织培养中无病毒苗的培育,在植物病理学上也有重要意义。它丰富了植物病理学的内容,从过去消极的砍伐病株、销毁病株,到病株的脱毒再生,是一个积极有效的预防途径,并且对绿色产品开发、减少污染、保护环境、增进健康都具有长远的意义。

### 2.2.1 热处理脱毒

**一、热处理脱毒的发现及应用原理**

1889 年,印度尼西亚爪哇人发现,将患枯萎病的甘蔗(现已知为病毒病),放在 50℃~52℃的热水中保持 30min 后,甘蔗再生长时枯萎病症状消失,甘蔗生长良好,以后这个方法便得到了利用。现在世界上很多甘蔗生产国,每年在栽种前把几千吨甘蔗茎段放在大水锅里进行处理。自 1954 年 Kassanis 用热处理防治马铃薯卷叶病以后,这一技术即被用以防治许多植物的病毒病。

热处理之所以能去除病毒,主要是因为在一定范围内,用高于常温的温度处理植物可部分或完全钝化植物组织中某些病毒,而不伤害或很少伤害植物本身。其根本原因是因为病毒和植物细胞对高温的耐受条件不同,高温可以延缓病毒扩散速度和抑制其增殖,使病毒浓度不断降低,这样持续一段时间,病毒即自行消失而达到脱毒之目的。Kassanis(1954)的解释是植物体内感染病毒颗粒的含量,反映其生成和破坏的程度。在高温下病毒颗粒生成很少,而破坏却越趋严重,使病毒总含量减少,这样持续一段时间,病毒自行消灭,从而达到脱毒的目的。

**二、热处理的方法**

热处理有两种方法:一种是温汤浸渍处理;另一种是高温空气处理。

温汤浸渍处理适用于休眠器官、剪下的接穗或种植的材料,如应用于甘蔗茎段、木本植物接穗和休眠芽。在 50℃左右的温水中浸渍 10 分钟至数小时,方法简便易行,但易使材料受伤。

高温空气处理是将待处理植株放在恒温光照培养箱内,温度保持在 35℃~40℃,光照度 1 000lx~3 000lx,其处理时间因植物而异。香石竹 38℃下处理 2 个月,其茎尖病毒可清除;马铃薯在 35℃下须处理几个月。草莓茎尖 36℃处理 6 周,可有效地清除轻型黄斑病毒。也可采用变温方法,如马铃薯每天 40℃处理 4h 可清除芽眼中叶片病毒。处理过程中要及时补充水分,以防植物缺水影响正常的代谢活动。对于无性繁殖植物的营养储存器官,如马铃薯块茎,大蒜鳞茎等,可直接放入恒温箱,但要经常翻动、通气,以防止高温不通气而导致腐烂。热处理之后要立即把茎尖切下嫁接到无病的砧木上。此种方法对活跃生长的茎尖效果较好,既能消除病毒,又能使寄生植物有较高的存活机会。目前,热处理大多采用这种方法。

**三、热处理去除病毒的效果和弊端**

不同病毒对热处理的敏感性不同,不能完全脱除所有病毒。有的病毒经热处理可以被钝化,如马铃薯卷叶病毒(PLRV);有些病毒较难去除,如马铃薯 X 病毒(PVX),该病毒必须在 35℃下处理 2 个月,方可被钝化;也有的病毒用热处理几乎不能去除,如马铃薯 S 病毒(PVS)。掌握热处理的适宜温度和时间很重要,如果热处理温度过高或处理时间过长,则可能会钝化植物本身的抗性因子,对植物造成损伤,以致使其死亡;热处理温度过低或处理时间过短,又达不到去除病毒的效果。一般来说,热处理对于球状病毒和类似纹状的病毒以及类菌质体有效,对杆状和线状病毒的作用不大。因此,热处理须与其他方法配合应用。

## 2.2.2 茎尖培养脱毒

### 一、茎尖培养脱毒的原理

White(1943)首先发现在感染烟草花叶病毒的烟草植株生长点附近,病毒的浓度很低甚至没有病毒,病毒含量随植株部位及年龄而异。在这个发现启示下,Morel 等(1952)从感染花叶病毒的大丽菊分离出茎尖分生组织(0.25mm)培养得到的植株,嫁接在大丽菊实生砧木上检验证实其为无病毒植株,从此茎尖培养就成为解决病毒问题的一条有效途径。

植物茎尖组织培养脱毒技术的理论依据有以下两点:一是植物细胞全能性学说,即一切植物都是由细胞构成的。植物的幼龄细胞含有全套遗传基因,具有形成完整植株的能力;二是植物病毒在寄主体内分布不均匀。怀特(1943)和利马塞特·科钮特(1949)发现,植物根尖和茎尖部分病毒含量极低或没有发现病毒,植物组织内病毒含量随与茎尖相隔距离的加大而增加。究其原因可能有四个方面:

其一,一般病毒顺着植物的微管系统移动,而分生组织中无此系统,病毒通过胞间连丝移动极慢,难以追上茎尖分生组织的活跃生长;

其二,活跃生长的茎尖分生组织代谢水平很高,致使病毒无法复制;

其三,植物体内可能存在"病毒钝化系统",而在茎尖分生组织内活性最高,可钝化病毒,使茎尖分生组织不受病毒侵染;

其四,茎尖分生组织的生长素含量很高,足以抑制病毒增殖。

为脱除病毒,不同植物以及同一种植物要脱去不同的病毒所需茎尖大小是不同的。通常,茎尖培养脱毒效果的好坏与茎尖大小呈负相关,即切取的茎尖越小,脱毒效果越好;而培养茎尖成活率的高低则与茎尖的大小呈正相关,即切取的茎尖越小,成活率越低。具体应用时既要考虑脱毒效果,又要考虑使其提高成活率。一般切取 0.2mm~0.3mm 带 1~2 个叶原基的茎尖作为培养材料较好。

### 二、茎尖培养方法

1. 培育脱毒母株,获得外植体

(1)正确选择品种。用于生产的品种选择很重要。因不同品种产量、品质特性及对病毒侵染的反应不同,关系到去除病毒的增产效果和脱毒种苗的应用年限。因此,要选择品质好,产量高,抗、耐病毒特性好的品种。

(2)确保品种纯度。确保获取快速繁殖外植体母株的品种纯度是生产高纯度、优质种苗的基础。特别是栽培历史长的无性繁殖作物,用种量大,易造成品种混杂。因此,严格鉴定获取快速繁殖外植体母株的品种纯度,可以避免无效劳动,提高工作效率。

(3) 获得外植体。外植体可直接取于大田,但最好取于室内培育的、生长健壮、无病虫害的母株,摘取 2cm～3cm 长的外植体,去掉较大叶片,用自来水冲洗片刻即可消毒。对于多年生植物,休眠的顶芽和腋芽也可作为实验材料。消毒一般在超净工作台或无菌室内进行,应先把材料浸入 70% 酒精 30s,然后用 10% 漂白粉上清液或 0.1% 升汞消毒 10min～15min,消毒时可上下摇动,使药液与材料表面充分接触,达到彻底杀菌的目的,最后再用无菌水冲洗 3～5 次。然后就可剥离茎尖。剥离后应尽快接种,以防茎尖变干。可在一个衬有无菌湿滤纸的皿内操作。

2. 选择培养基

研究确定的基本培养基有许多种,其中 MS 适合于大多数双子叶植物培养,培养基 B5 和培养基 N6 适合于许多单子叶植物培养,White 培养基适于根的培养,应先试用这些培养基,再根据实际情况对其中的某些成分进行小范围的调整。一般培养用 MS 培养基均能成功,但大蒜、洋葱用 B5 和 MS 培养基培养效果较好。用不同种类的激素进行浓度和比例的配合实验,在比较好的组合基础上进行小范围的调整,设计出新的配方,经过反复摸索,选出一种适合的培养基。

3. 剥离和接种

将消毒好的材料,如包含茎尖的茎段或芽等灭菌,置超净工作台双目解剖镜下,用解剖针仔细剥离幼叶和叶原基,切取 0.1mm～0.2mm 大小、仅留 1～2 个叶原基的茎尖分生组织,接种到试管内的芽分化培养基上。解剖镜下剥离茎尖时,解剖针要常常蘸入 90% 酒精,并灼烧以进行消毒。但注意解剖针的冷却,可蘸入无菌水进行冷却。当一个半圆球的顶端分生组织充分暴露出来之后,用解剖刀片将分生组织切下来。

4. 继代培养生根和快速繁殖

将已接种外植体的试管置于 (23±2)℃、光照度 3000lx 的实验室中,光周期 13h/d～16h/d,培养 2～3 周成苗。待苗长至 1cm～2cm 高,转入生根培养基。生长 7d～10d 生根,转入快速繁殖培养基中继续繁殖。

### 三、茎尖培养的关键技术环节

1. 剥取适当大小的茎尖

通常,培养茎尖越小,产生幼苗的无毒率越高,而成活率越低。

由于不同病毒种类去除的难易程度不同,因此需针对不同的病毒种类,培养适宜大小的茎尖。例如,剥离培养带一个叶原基的生长点产生的马铃薯植株,可去除全部马铃薯卷叶病毒,去除 80% 的 Y 病毒和 A 病毒,去除 0.2% 的 X 病毒。马铃薯病毒去除从易到难的顺序依次是:马铃薯卷叶病毒、马铃薯 A 病毒、马铃薯 Y 病毒、奥古巴病毒、马铃薯 M 病毒、马铃薯 X 病毒、马铃薯 S 病毒和纺锤块茎类病毒。对于同一种病毒,剥离茎尖越小,脱毒率越高。大蒜带 1 个叶原基的茎尖产生的苗中 84% 检测不到病毒,而带 2～3 个叶原基的无毒株率仅 59%。因此,一般剥离带 1～2 个叶原基的茎尖即可获得较好的脱毒效果。对于难脱除的病毒则应配合采用其他措施。

2. 选用正确的培养基

培养基由大量元素、微量元素、有机成分、植物激素、糖和琼脂调配而成。一般,铵盐及钾盐浓度高,有利于茎尖成活,反之则有利于生根或根生长。植物激素如 6-BA 有利于长芽,而生长素如 NAA 有利于生根。不同品种对激素的反应不同。大蒜采用 B5 的矿质盐和微量元素效果较好,再附加维生素 $B_1$ 10mg/L、维生素 $B_6$ 1mg/L、烟酸 1mg/L、肌醇 200mg/L、6-BA 0.1mg/L、NAA 0~0.1mg/L,以蔗糖 25g/L 为碳源、琼脂 7g/L 为固化剂;马铃薯茎尖培养基为 MS + 6-BA 0.05~0.1mg/L + NAA 0.1~0.2mg/L + GA 30.05mg/L;甘薯茎尖培养基为 MS + 6-BA 1mg/L + NAA 0.02mg/L 或 MS + 6-BA 0.5mg/L + NAA 0.2mg/L + AD 5mg/L;草莓培养基以 White + IAA 0.1mg/L 或 MS + BA 0.1mg/L + NAA 0.1mg/L 为好。

3. 适宜的环境条件

大蒜、马铃薯、草莓接种后放置于温度 23℃~25℃、光照度 1 000lx~3 000lx 的实验室中,光照 13h/d~16h/d。甘薯茎尖培养需温度较高,26℃~32℃,光强和光照时间同马铃薯和大蒜。

4. 茎尖接种后的生长及调节方法

茎尖接种后的生长情况主要有 4 种:

(1) 生长正常,生长点伸长,基本无愈伤组织形成,1~3 周内形成小芽,4~6 周长成小植株。

(2) 生长停止,接种物不扩大,渐变褐色至枯死。此种情况多因剥离操作过程中茎尖受伤。

(3) 生长缓慢,接种物扩大缓慢,渐转绿,成一绿点。说明培养条件不适,要迅速转入高激素浓度培养基,并适当提高培养温度。

(4) 生长过速,生长点不伸长或略伸长,大量疏松愈伤组织形成,需转入大激素培养基或采取降低培养温度等措施。

## 2.2.3 热处理结合茎尖培养脱毒

茎尖培养结合热处理可脱除茎尖培养脱除不掉的病毒,如将马铃薯块茎放入 35℃ 恒温培养箱内热处理 4~8 周,然后进行茎尖培养,可除去一般培养难以脱除的纺锤块茎类病毒。将热处理与茎尖分生组织培养相结合,则可以取稍大的茎尖进行培养,这样能够明显提高茎尖的成活率和脱毒率。

尽管茎尖分生组织常不带病毒,但不能把它看成是一种普遍现象,研究表明,某些病毒实际上也能侵染正在生长的茎尖分生区域。Hollings 和 Stone(1964)证实,在麝香石竹茎尖 0.1mm 长的顶端部分,有 33% 带有麝香石竹斑驳病毒。在菊花中,由 0.3mm~0.6mm 长茎尖的愈伤组织形成的全部植株都带有病毒。已知能侵染茎尖分生组织的其他病毒有烟草花叶病毒(TMV)、马铃薯 X 病毒以及黄瓜花叶病毒(CMV)。Quak(1957,1961)用 40℃ 高温处理康乃馨 6~8 周,以后再分离 1mm 长的茎尖进行培养,成功地去除了病毒。此结果提示将热处理和茎尖培养结合,可以更有效地达到脱毒目的。

热处理可在切取茎尖之前在母株上进行,即可在热处理之后的母体植株上切取较大的茎尖(长约 0.5mm)进行培养;也可先进行茎尖培养,然后再用试管苗进行热处理,这样的处理方法可以获得较多的无病毒个体。热处理时要注意处理材料的保湿和通风,以免过于干燥和腐烂。热处理结合茎尖培养脱毒法不足之处在于脱毒时间相对延长。

## 2.2.4 茎尖微体嫁接脱毒

微体嫁接是组织培养与嫁接方法相结合、以获得无病毒苗木的一种新技术。它是将 0.1mm~0.2mm 的茎尖作为接穗，嫁接到由试管中培养出来的无菌实生砧木上，继续进行试管培养，并愈合成为完整的植株。

离体微型嫁接法主要应用在果树脱毒方面，在苹果和柑橘脱毒上已经发展成一套完整的技术。Navarro 等（1983）利用试管培养 10d~14d 产生的梨树新梢，切取带 3~4 个叶原基长 0.5mm~1.0mm 的新梢，进行离体微型嫁接，成活率达到 40%~70%，最后获得无洋李环斑病毒（PRV）株系、无洋李矮缩病毒（PDV）和无褪绿叶斑病毒（CISV）的无病毒苗。

对于某些营养繁殖难以生根的植物种类或品种，可以借助试管微体嫁接方法，解决茎尖培养过程中生根难的问题，同时因为采用茎尖分生组织作接穗，获得的便是无病毒植株。

影响微体嫁接成活的因素主要是接穗的大小。试管内嫁接成活的可能性与接穗的大小呈正相关，而无病毒植株的培育与接穗茎尖的大小里负相关。所以，为了获得无病毒植株，可以采用带有两个叶原基的茎尖分生组织作接穗。微体嫁接技术难度较大，不易掌握，与实际应用还有相当距离。但是随着新技术的发展与完善，微体嫁接技术将会取得更大发展。

## 2.2.5 化学治疗脱毒

有人发现，在通过组织培养消除病毒的过程中，培养条件也能起某些作用。据 Hollings 和 Stone（1964）报道，在腐香石竹茎尖培养中，能够存活下来并长成不含 CMV 植株的茎尖的百分数，高于根据茎尖感染频率预期的百分数。与此相似，Mori（1973）所做的免疫荧光研究表明，在烟草和矮牵牛中，内顶端向下 $200\mu m$ 的茎尖区域带有 CMV，然而，由这些植株的茎尖外植体常常再生无病毒植株。有些研究人员认为，在培养期间病毒的消除是由于培养基中生长调节物质的作用，但尚无令人信服的证据支持这个结论。Cohen 和 Walkey 在含有不同浓度的生长素和细胞分裂素的培养基中，培养了黄花烟草的茎尖，结果表明，生长调节物质虽能减少组织中病毒的浓度，但不可能把它们消除。虽然对整体植株的化疗处理没能消除其中的病毒，但对离体组织和原生质体的处理已经产生了某些令人鼓舞的结果。Kassanis 和 Tinsley（1958）通过在培养基中加入 $100\mu g/L$ 2-硫尿嘧啶，消除了烟草愈伤组织中的马铃薯 Y 病毒（PVY），不过由这些愈伤组织中没能再生出马铃薯植株。Inoue（1971）报道，用齿舌兰环斑病毒抗血清预处兰花的离体分生组织，增加了脱毒植株的频率。抗病毒制剂 Virazole 已知对若干种动物 DNA 和 RNA 病毒是有效的，在植物中也已证明，可用以消除烟草原生质体再生植株中的 PVX，放线菌酮和放线菌素-D 也能抑制原生质体中病毒的复制。许多化学药品（包括嘌呤、嘧啶类似物、氨基酸、抗菌素等）对离体组织和原生质体具有脱毒效果。常用的药品有：8-氮鸟嘌呤、2-硫脲嘧啶、杀稻瘟抗菌素、放线菌素 D、庆大霉素等。

## 2.3 脱毒苗的培育

### 2.3.1 脱毒苗的保存

通过不同脱毒方法所获得的脱毒植株,经鉴定确系无病毒者,即是无病毒原种。无病毒原种苗只是脱除了原母株上的特定病毒,抗病性并未增加,因而在自然条件下易受病毒再侵染而丧失其利用价值;同时受自然条件影响,无病毒原种易丢失。因此,须将无病毒原种苗按正确方法保存。保存方法主要有以下两种。

**一、隔离种植保存**

植物病毒的传播媒介主要是昆虫如蚜虫、叶蝉或土壤线虫等,因此应将无病毒原种苗种植于防虫网室、盆栽钵中保存。营养钵中的土壤或其他基质应事先消毒处理。除去网室周围的杂草和易滋生蚜虫等传播媒介的植物,保持环境清洁,并定期喷药杀菌防虫。

凡接触无病毒原种苗的工具均应消毒并单独保管专用,操作人员也应穿消毒的工作服。若有条件,最好将网室即无病毒母本园建立在相对隔离的山上。对隔离保存的无病毒原种应定期检查5~10年。

**二、长期离体保存**

将无病毒苗原种的器官或幼小植株接种到培养基上,在低温下离体保存,是长期保存植物无病毒原种及其他优良种质的方法。

1. 低温保存

茎尖或小植株接种到培养基上,置低温(1℃~9℃)、低光照下保存。低温下材料生长极缓慢,只需半年或一年更换培养基1次,此法又叫最小生长法。

2. 冷冻保存(超低温保存)

用液氮(-196℃)保存植物材料的方法称为冷冻保存。

### 2.3.2 脱毒苗的繁殖方法

**(一)嫁接繁殖**

从通过鉴定的无病毒母本植株上采集穗条,嫁接到实生砧上。嫁接时间不同,嫁接方式亦不同,春季多用芽接,夏秋季采用枝接。嫁接技术与嫁接后管理与普通植株的嫁接相同。但嫁接工具必须专用,并单独存放。柑橘、苹果、桃等木本植物多采用嫁接繁殖。

**(二)扦插繁殖**

硬枝扦插应于冬季从脱毒母本株上剪取芽体饱满的成熟休眠枝经沙藏后,于次年春季剪切扦插。绿枝扦插在生长季节(4~6月)进行,从无病毒母株上剪取半木质化新梢,剪成有2~3节带全叶或半叶的插条扦插。扦插后应注意遮阳保温。

### (三) 压条繁殖

将脱毒母株上 1~2 年生枝条水平压条，土壤踏实压紧，保持湿润，压条上的芽眼萌动长出新梢，不断培土，至新梢基部生根。

### (四) 匍匐茎繁殖

一些植物的匍匐茎生长，匍匐茎上芽易萌动生根长成小苗，如草莓、甘菌。用于繁殖的脱毒母株应稀植，留足匍匐茎伸展的地面。管理重点是防虫、摘除花序、除草、打老叶。子苗（生产用无病毒苗）在出圃前假植 40~50 天，有利于壮苗，提高移栽成活率。

### (五) 微型块茎(根)繁殖

从脱毒的块茎苗上剪下带叶的叶柄，扦插到育苗箱砂土中，保持湿度，1~2 个月后叶柄下长出微形薯块，即可用作种薯。

## 2.3.3 脱毒苗的效果

脱毒苗表现出明显的效果。如草莓可增产 20%~50%，植株结果多，单果重增加，上等果比例提高。菊花切花品种的脱毒株，表现出株高增加，切花数增多，花朵大，切花较重。

## 2.3.4 脱毒苗繁育生产体系

为确保无病毒苗的质量，推进农作物无病毒化栽培的顺利实施，建立科学的无病毒苗繁育生产体系是非常必要的。我国农作物无病毒苗繁育生产体系可归结为以下模式：

国家级（或省级）脱毒中心——无病毒苗繁育基地——无病毒苗栽培示范基地——作物无病毒化生产。

脱毒中心负责作物脱毒、无病毒原种鉴定与保存和提供无病毒母株或穗条；无病毒苗繁殖基地将无病毒母株（或穗条）在无病毒感染条件下繁殖生产用无病毒苗；无病毒苗示范基地负责进行无病毒苗栽培的试验和示范，在基地带动下实现作物无病毒化生产。

在我国，作物无病毒苗的培育已在多种果树、蔬菜、花卉、粮食作物与经济作物上取得显著成效，苹果、柑橘、草莓、香蕉、葡萄、枣、马铃薯、甘蔗、蒜、兰花、菊花、水仙、康乃馨等一大批无病毒苗被应用于生产。只要加强研究与管理，进一步规范无病毒苗的生产与应用，病毒病这一制约作物生产的难题就能尽快得到解决。

### 本章小结

去除植物病毒的方法有热处理法、微茎尖培养法、热处理结合茎尖培养法、茎尖微体嫁接法和化学治疗脱毒法。前两种是主要方法。热处理法去除植物病毒可分为温汤浸渍处理法和热处理法。其中后者因不损伤植物材料，因而是目前最为常用的方法。病毒主要分布于植物体成熟和衰老的组织及器官中，靠维管束传播。由于茎尖尚未形成维管束，所以茎尖一般是无毒的，可用于组织培养无毒苗木。无毒苗的鉴定方法主要有：指示植物鉴定法、抗血清鉴定法、电子显微镜检查法、酶联免疫鉴定法。其中，最后一种是目前比较精确和常用的鉴定方法。脱毒苗的保存方法主要有隔离种植保存和长期低温与冷冻离体保存。脱毒苗通过扦插、嫁接、分生等无性繁殖生产种苗,脱毒苗具有增产、观赏性状好等优点。

 **复习思考**

1. 组织培养在生产脱毒苗上有何意义?
2. 热处理为什么可以去除部分植物病毒?热处理方法分为几种?常用的是哪一种?
3. 为什么用微茎尖组织培养形成的试管苗一般是无毒的?
4. 病毒检测的方法有几种?如何鉴定茎尖培养而成的脱毒苗确实是无毒的?
5. 脱毒苗的保存方法主要有几种?脱毒苗的繁殖方法是什么?

# 第3章 植物组织培养的工厂化生产

**本章导读**

本章介绍组织培养技术在植物组培苗工厂化生产中的应用。主要阐述了植物组培苗工厂化生产的设施与设备，生产工艺流程与生产技术，机构设置与岗位职责、生产成本核算、效益分析以及提高经济效益措施，生产管理与经营及限制因素。通过本章的学习使学生掌握植物组培苗工厂化生产的基本技术，熟悉生产各环节的管理措施。

## 3.1 工厂化生产设施和设备

植物组培苗工厂化生产是在人工控制的最佳环境条件下充分利用自然资源和社会资源，采用标准化、机械化、自动化技术，高效优质地按计划批量生产健康植物苗木。组织培养工厂化育苗主要应用于快速繁殖、生产脱毒苗木，目前已有不少花卉、果树、蔬菜等经济作物逐步采用组织培养技术，利用具有规模生产条件的组培苗生产线进行大规模的工厂化生产。工厂化生产的配套设施、设备如下：

### 3.1.1 洗涤灭菌车间

在洗涤灭菌车间进行各种玻璃器皿、培养瓶和各种用具的洗涤、干燥，植物材料的洗涤和消毒等预处理，培养基的高压灭菌等工作。本车间需配有高压蒸汽灭菌锅、烘箱、蒸馏水发生器、洗瓶机、培养器皿等。

### 3.1.2 化学实验车间

化学实验车间主要承担化学试剂的称量、溶解，培养基的配制、分装、包扎和植物材料的预处理，以及培养物的观察分析等操作工作。本车间需配有冰箱、恒温箱、天平、酸度计、培养基分装机、计量器皿、盛装器皿、培养器皿、细菌过滤器械、医用小推车等(图3-1-1)。

### 3.1.3 接种车间

植物材料的接种、培养物的转移等工作主要在接种车间完成,这些工作要求在无菌环境中进行。无菌条件的好坏、持续时间的长短对减少培养基的污染关系重大,是组培苗生产的关键所在。接种车间要求地面、墙壁及天花板光洁,易于清洗和消毒。本车间需配备超净工作台、无菌操作器具、培养瓶放置架、培养皿、过滤排风系统、进入接种车间的入口应设风淋房等(图3-1-2、3、4)。

图3-1-1 小推车

图3-1-2 灭菌器

图 3-1-3　接种车间

图 3-1-4　风淋房

### 3.1.4　培养车间

培养车间要承担培养物和组培苗在人工控制温度、湿度和光照等条件下的培养和生长。

培养车间要有保温隔热性能,并尽量利用自然光照,最大限度增加采光面积,除必要的承重墙结构外,全部安装落地式双层保温大玻璃窗。车间墙壁可选白色防霉油漆涂层或涂料等,地面最好是白色水磨石面,天花板宜白色,增强反光,提高室内亮度。本车间需配备培养架、空调机、温湿度观测记录仪、振荡培养机。对有些植物的特殊阶段,如百合球茎培养,还应设暗室等(图 3-1-5、6)。

图 3-1-5　培养车间

图 3-1-6　培养车间

## 3.1.5 移栽车间

移栽车间包括炼苗室、温室和苗圃,它的主要任务是进行组培苗清洗、整理、炼苗、移栽和培育,可结合常规无性繁殖方法对组织培养成苗进行常规繁殖,以便节省投资,降低生产成本(图3-1-7)。

图3-1-7　炼苗车间

## 3.1.6 仓　库

选择背阳的房间做仓库,把暂时不用的玻璃器皿、器械及备用的试剂、药品等存放在内,便于随时取用。其中药品仓库要求干燥、通风、避免光照,备有存放各种药品试剂的药品柜、冰箱等设施、设备。

## 3.1.7 冷藏室

将一些组培苗放在冷藏室低温处理,可以控制其分化和生长速度。另外,有些球根花卉如唐菖蒲的小球茎可在冷藏室3℃~5℃下冷藏1个月打破休眠。冷藏室对于组培工厂按计划生产和按时供应大量种苗,起着重要的调节及贮备作用。

总之,组培苗生产工厂的基础设施建设和主要设备可以根据具体的生产任务要求和投资规模以及当地条件加以必要的变动和选择。可以因地制宜、因陋就简,创造性地进行组培苗生产,而不必花太大的投资。但是,如果基础设施和设备过于简单,则会存在工作效率低、污染率高的问题,既浪费时间,又增加无效的劳动。

## 3.2 工厂化生产的技术和工艺

植物组培苗工厂化生产是在植物快速繁殖技术的基础上建立起来的,主要包括培养材料的选择、培养基制备、组培苗快速繁殖、组培苗移栽和成苗管理五个阶段。

### 3.2.1 培养材料的选择

种源是组培苗工厂化生产首先要考虑的问题。选择的植物种类既要适应市场的需求,又要考虑适应当地的环境条件,以便简化生产条件,降低生产成本。

种源主要有两个途径:一条途径是从外地引进无菌原种苗。此法方便、快捷、节省时间、繁殖速度快,如果市场前景好,需求量大,要求在极短的时间内形成规模,采用这种方法最好。另一条途径是自己动手从外植体培养建立起无菌培养体系,这往往需要较长时间。从理论上来说,植物所有的器官和组织都可以作为外植体,具体选取什么做外植体取决于培养目的及植物的种类。根据需要选择有市场发展潜力或生产需要的品种,植株要求纯度高,无病虫害,最好在保护设施下培育健壮母株。不同的植物种类以及同种植物的不同器官和组织再生能力都有很大的差异,常用的外植体有茎段、顶芽、叶片、腋芽、叶柄、花瓣、鳞片等。

### 3.2.2 培养基的制备

植物组织培养的成功与否,除植物材料本身的因素外,培养基是关键。应根据培养植物的种类及取材部位选择适宜的培养基。在进行工厂化生产之前,应做前期的试验研究工作,筛选出最优的培养基。一般先配制 10 ~ 1 000 倍高浓度母液和植物生长调节剂原液,低温下储藏,然后按照配方配制所需培养基,并及时灭菌备用。配制培养基一般用蒸馏水,大规模生产可用烧开的自来水冷却后代替蒸馏水,从而降低生产成本。

### 3.2.3 组培苗快速繁殖

组培苗快速繁殖是工厂化生产的重要环节,主要在接种车间和培养车间完成,其培养方法与实验室组培苗的生产流程基本相同,只是生产规模更大一些。

**一、初代培养**

选取生长健壮、无病虫害的植株,剪取较幼嫩、生长能力强的部位。选用适当的消毒剂进行表面消毒,及时用无菌水冲洗,尽量减少残留在材料上的消毒剂。然后接种到适宜的初代培养基上培养,给予合适的培养条件,通过初代培养,就可获得无菌材料。

## 二、继代培养

继代培养是植物种苗快繁的重要过程,要注意将增殖率和苗的质量统一起来,及时调整植物生长调节剂的配比、浓度以及培养条件,适应苗的分化和生长,产出高质量的组培苗。

## 三、生根培养

当苗木数量增殖到预期数量后,将无根苗切割成单株,根据苗木芽的大小强弱,分别进行壮苗培养和生根培养。

## 3.2.4 组培苗移栽和成苗管理

组培苗在培养车间长出一定数量的根或根原基后,要及时转移到移栽车间炼苗移栽。

### 一、准备工作

1. 选择育苗容器

育苗容器有育苗筒、育苗钵、育苗盘。育苗盘易搬运,适于工厂化育苗,可随时移到不同温度、光照的地方。

2. 基质选配

基质的作用是固定幼苗,吸附营养液、水分,改善根际透气性。基质需具有良好的物理特性,通气性好;对盐类要有良好的缓冲能力,维持稳定、适宜植物生长的pH;需具有良好的化学特性,不含有对植物有害的成分;来源广泛,价格低廉。

基质按种类分为有机基质和无机基质。有机基质主要有腐殖质、泥炭、干燥苔藓、炭化稻壳、锯木屑等;无机基质有炉渣、沙、蛭石、珍珠岩等。基质除了单独应用外,还可多种基质混合应用,以取长补短,不同植物组培苗应选用不同种类的栽培基质,一般采用泥炭、珍珠岩、蛭石、沙及少量有机质、复合肥混合调配为好。

3. 场地、工具及基质消毒

移栽场地及所有工具用10%漂白粉溶液或0.1%高锰酸钾液泡10min~15min。基质均匀混合,用1 000倍百菌清喷雾、搅拌。基质内的土壤消毒要更严格,可应用下列消毒方法:

(1) 65%的代森锌粉剂消毒:每立方米苗床土用药60g,药土混拌均匀后用塑料薄膜盖2d~3d,然后撤掉塑料薄膜,待药味散后可以使用。

(2) 甲醛消毒:用0.5%甲醛喷洒床上,混拌均匀,然后堆放并用塑料薄膜封闭5d~7d,揭开塑料薄膜使药味彻底挥发后方可使用。

(3) 蒸气消毒:用蒸气把土温提高到90℃~100℃,处理30min。蒸气消毒的床土待土温降下去后就可使用,消毒快,又没有残毒,是良好的消毒方法。

### 二、炼苗移栽

1. 炼苗

组培苗由培养室转入温室,暴露于空气中,环境差异大,需逐步适应。一般要求从培养室内将培养瓶拿到室温下先放置3d~7d,再打开瓶盖。

2. 清洗

将苗瓶置水中,用小竹签伸入瓶中轻轻将苗带出,尽量不要伤及根和嫩芽,在18℃~25℃温水中漂洗,将基部培养基全部洗净。

3. 移栽

在基质上插洞,将苗根部轻轻植入洞内,撒上营养土,将苗盘轻放入水池中,待水漫上洞。浸透后,将苗盘放在传送带上,送入育苗室。无根苗需先蘸生根液再行移植。

4. 组培苗移栽后的管理

组培苗移栽后1~2周为关键管理阶段,主要是要控制好光照、湿度、水分、通风等条件。高温季节应注意遮阳、保温、保湿、通风透气,并经常进行人工喷雾。温度以18℃~20℃,空气相对湿度保持在70%~85%为宜。弱光、适当低温和较高的空气相对湿度有利于提高成活率。为促进苗木生长,结合喷水喷施3~5倍MS大量元素液。1周后每隔3d叶面喷施营养液1次。由于空气湿度高,气温低,幼苗易感病,要及时喷药防治病虫害。

温室组培苗移栽4~6周后,可逐渐移至遮阳大棚下移栽。此时组培幼苗根系刚恢复生长,幼叶长大,嫩芽抽梢,肥水管理非常重要。首先,要结合浇水浇灌营养液,一般每3d~5d应供给营养液1次。在施用营养液时,应根据不同的植物种类,采用不同的配方。前期秧苗较小,营养液的浓度应低一些,一般为0.15%~0.2%;随着秧苗长大,营养液浓度可逐渐加大到0.3%左右。使幼苗顺利实现从异养生长向自养生长的移栽。其次,要逐渐延长光照时间,增加光照强度。光照强度应由弱到强,循序渐进,否则会因光强增加过快而导致幼苗的灼伤;其三,由于苗木密集,空气湿度大,病害易发生,每隔7d~10d需交替喷百菌清或灭菌成的1 000倍稀释液。

### 三、成苗管理

1. 及时供水

成苗期苗木较大,需水量大。气温升高,通风多,失水快,要注意及时供水。特别是利用营养钵育苗或电热温床育苗,更应经常浇水,保持育苗基质湿润。

2. 苗床的温度

开始时苗床的温度可稍高些,以后逐渐降低温度,要根据不同植物进行温度控制。一般白天可控制在20℃~30℃,夜间10℃~20℃,以促进生根缓苗。这一时期的苗床温度主要是利用太阳能和保温、通风措施来调节。

3. 追肥

在育苗基质肥料充足的情况下,可不追肥,如有条件可每隔3d~5d根外追施0.2%磷酸二氢钾液,也可随水追施复合肥,施用量为10g/m²~20g/m²,追肥后一定要及时浇水,防止烧苗。此期间还应注意防治苗期病、虫害。

## 3.2.5 组培苗工厂化生产的工艺流程

组培苗的工厂化生产工艺流程(以菊花为例)如图3-2-1所示:

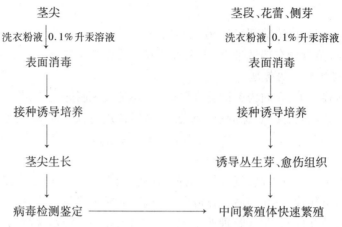

图 3-2-1　组培苗工厂化生产工艺流程

中间繁殖体的一个繁殖周期：培养无根小植株──→培养生根──→完整小植株──→炼苗 20d～25d ──→移栽成苗（成活率 85% 以上）。

##  3.3　组培苗工厂机构设置及各部门岗位职责

组织培养工厂化生产所具有的技术性、农业性、工业性、规模性决定了其风险性。良好的经营管理是进行组织培养工厂化生产的必要条件。

### 3.3.1　管理制度

工厂化生产管理制度主要采用经济责任制，即以经济利益为中心，责、权、利相结合，劳动报酬同劳动成果相联系的生产管理制度。建立经济责任制应遵循以下三原则。

**一、经济责任制要全面**

企业经营管理的总体目标经过逐级分解，层层落实到各部门，直至每个人。要做到任务到人、责任到人，每个人都应十分明确自己的工作任务和应承担的责任。每项工作都有人负责，有人考核。

**二、经济责任制内容要有较强的可执行性**

责任制每条内容都要可以衡量，可以量化，可操作性要强。经济责任制中规定的责、权、利要一致，即负相应责任，给予相应权力，获取相应报酬。

**三、考核手段要有效**

实行经济责任制关键的工作是对每个人的工作进行考核，做好原始记录，以保证对每个生产者的劳动成果都能给予公正、合理、正确的评价，给予劳动者相应的报酬。

### 3.3.2 岗位的设置及其职责

如在种苗公司或组培苗工厂可以划分为领导部门岗位、职能部门岗位、基层生产岗位。

（一）领导部门的主要职责

领导一般分为三级，即单位领导、职能部门或车间领导、班组长。单位领导的主要职责是贯彻执行董事会或职工代表大会的各项决议，遵守党和国家的各项方针、政策、法律，进行生产经营决策，采取各种措施，充分调动广大职工的生产积极性，努力提高经营管理水平，履行经济合同，完成生产经营计划，完成经济发展目标等；中层领导的主要职责是执行单位领导下达的生产经营计划，并组织实施，同时建立植物组培苗生产质量保证体系，完成组培苗生产的数量和质量指标。班组长是生产一线的负责人，是基层生产人员经济责任制实施的主要组织者和考核者。班组长负责执行中层领导下达的作业计划，协调各生产岗位之间的生产活动，并认真做好原始记录和业务考核工作。

（二）职能部门（车间）的主要职责

按照公司或工厂总体经营目标的要求，承担分解下达的工作（生产）指标，负责检查、监督下级组织执行计划和指示的情况，并进行考核。

（三）班组的主要职责

完成中层领导下达的工作（生产）任务，根据要求完成对其他班组的协作任务。班组是生产任务的主要完成者，要求完成产品生产任务，遵守操作规程，遵守其他规章制度。

## 3.4 组培工厂设计主要技术参数

### 3.4.1 生产工厂的设计

**一、厂址选择**

在进行植物组织培养大规模育苗生产时，单靠面积较小的组培室是远远不够的，需要建立组培苗生产工厂。新建组培苗生产工厂应选择建立在周边环境无污染源、交通运输方便的地区，并要求在该地常年主风向的上风方向，有排灌水设施，用电线路畅通。

**二、厂区规划**

在建立植物组织培养生产工厂时，首先要根据预期的生产量和投资规模确定所需土地面积和基建规模，按照组织培养的目的和规模进行车间的设计。工厂的布局要合理，应根据生产工艺流程和工作程序先后，把各车间安排成一条连续的生产流水线。组培生产车间一般由洗涤灭菌车间、化学实验车间（化学实验室、培养基制备室）、接种车间、培养车间和移栽车间（包括温室和苗圃）5个部分组成。如果有条件还可以建办公室、仓库、会议室、冷藏室、产品展示厅等。

## 3.4.2 经营模式

为了扩大工厂化生产的规模,减少投资,增加效益,合理配置资源,近年来出现了合作经营、分段生产的经营模式,即拥有较强科技力量并建有完备的植物组织培养实验室的科研单位或高等院校与拥有一定生产能力的园林生产单位、苗圃或农场、林场,以及拥有各种销售渠道和网络的花木公司、种苗公司联合经营,充分利用各自的资源优势,避免重复投资建设、盲目生产造成的资金、人力、物力的浪费。

# 3.5 生产规模与生产计划

## 3.5.1 生产规模

生产规模的大小也就是生产量的大小。它受两个因素的影响:组织培养试管苗的增殖率和生产种苗所需的时间。

试管苗的增殖率的估算方法如下:

试管苗的增殖率是指植物快速繁殖中间繁殖体的繁殖率($W\%$)。试管苗的估算繁殖量以苗、芽或嫩茎为单位进行计算:

$$Y = mX^n$$

$Y$:年生产繁殖量;$m$:每瓶苗数;$X$:每周期增殖倍数;$n$:年增殖周期数。

$$W\% = \frac{实际所得繁殖量}{估算繁殖量} \times 100\%$$

与 $W\%$ 大小有关的因素:污染、培养条件、选择材料、消毒等。

## 3.5.2 生产计划

制订生产计划的注意要点:

(1) 切合实际的估算各种植物的增殖率;
(2) 有植物组织培养全过程的技术储备(如外植体诱导技术,中间繁殖体增殖技术,生根技术,炼苗技术);
(3) 熟悉各种组培苗的定植时间和生长环节;
(4) 掌握组培苗可能生产的后期效应。

若是制订某种植物组培生产计划,则应考虑市场的需求量以及用苗的时间;若制订全年生产组培生产计划,从成本核算来看,应考虑生产当地适用、适销的植物苗,而且全年供用。

全年生产量 = 全年出瓶苗数 × 炼苗成活率

## 3.6 组培苗的生产成本与经济效益概算

### 3.6.1 成本核算的方法

**一、试管苗繁殖阶段的生产成本**

(1) 人员费用:固定工与临时工的工资,管理人员与技术人员的工资。

(2) 培养基配制费用:培养基用的无机盐类、有机成分、植物激素、糖、琼脂等;其中以糖和琼脂在培养基中占的比例较大。既要考虑质量的稳定性,又要考虑价格成本。

(3) 水电费:洗涤器皿、配制培养基、灭菌、培养过程中的温、光控制等都要计算水电费用。

(4) 固定资产折旧费:操净台、冰箱、天平、空调、房屋使用、培养架等的折旧和维护费用每年按5%计算,低耗品的损耗如日光灯管、镊子、剪刀、玻璃器皿等一般按每年30%计算。

(5) 年消耗品:按当年实际发生费用计算。

(6) 其他费用:办公用品、种苗费、培训费、差旅费等。

**二、移栽和出圃成本**

(1) 固定资产折旧:温室大棚折旧和维护费。一般以造价的15年折旧率计算。维护费按实际发生数计算。

(2) 低值易耗品折旧:花盆、工具等,每年按30%折旧。

(3) 当年消耗品:地膜、肥料、农药、基质等按实际发生数计算。

(4) 水电费:温室等设施的照明和动力用电。

(5) 土地费:租用土地费用。

(6) 人工费用:包括日常管理工人和移栽季节工。

### 3.6.2 经济效益分析

**一、成本核算**

从下面案例分析中可知,生产成本中,人员工资和设备条件两部分几乎占成本的85%,减少这两块的费用能够降低成本;化学药品的费用也占到将近6%,有些同类的药品,它们的效价一样,但价格相差很大,我们可以考虑用物美价廉的同类药品作为代替;同时我们也要考虑到成活率,也就是说要尽量减少污染,使繁殖产量提高。

**二、产销对路**

以市场为导向,以销定产;引进畅销的名、特、新、优植物品种;规模生产,降低成本,从而提高利润。

### 三、降低成本措施

（1）人员方面：提高技术人员操作技能，能够在操作过程中减少污染，提高成品率和生产效率；

（2）生产工艺流程方面：制定有效的工艺流程，提高生产效率；

（3）生产条件方面：减少设备投资，延长使用寿命，节约水电，降低器皿消耗，使用廉价的代用品；

（4）经营与管理：发展多种经营，开展横向联合；产销对路，以销定产；保证产品质量；对技术人员进行定期培训。

## 案例分析

以年产10万株水生鸢尾组培苗的规模为例，进行核算（包括成本和利润）：

成本（19.1万元）如下：

人员工资（12.5万元）：包括主管1人（3万元/（年·人））、技术人员2人（2万元/（年·人））、临时工4人（1万元/（年·人））、工作用餐（1.5万元/年）；

化学药品（2.2万元）：如琼脂、活性炭、乙醇、天然有机物、食糖等；

房屋、炼苗设施和仪器折旧费（1.5万元）；

水电费（2.4万元）；

办公费（0.5万元）。

每株苗成本费＝19.1万元/10万株＝1.91元/株

总销售收入＝10万株×2.5元/株＝25万元

利润＝25万元－19.1万元＝5.9万元

通过以上计算，可以推算，如果有100万组培苗的生产定单，年利润可达59万元。主要的生产成本来自人工费用，占总成本的65%左右；其次是水电和折旧费用，约占总成本的20%左右。

## 本章小结

植物组培苗工厂化生产是在人工控制的最佳环境条件下采用标准化、机械化、自动化技术，高效优质地按计划批量生产健康植物种苗的过程。工厂化生产设施主要由洗涤灭菌车间、化学实验车间、接种车间、培养车间、移栽车间、仓库、冷藏室等组成。植物组培苗工厂化生产是在植物快速繁殖技术的基础上建立起来的，主要包括培养材料的选择、培养基制备、组培苗快速繁殖、组培苗移栽和成苗管理五个阶段。制定组培苗生产计划要注意：切合实际地估算各种植物的增殖率；有植物组织培养全过程的技术储备（如外植体诱导技术，中间繁殖体增殖技术，生根技术，炼苗技术）；熟悉各种组培苗的定植时间和生长环节；掌握组培苗可能产生的后期效应。工厂化生产组培苗的生产成本主要由人员费用、固定资产折旧、培养基配制费用、水电费、年消耗品等组成。

**复习思考**

1. 组培苗工厂化生产的工艺流程是什么?
2. 怎样进行组培苗的成本核算?
3. 如何提高组织培养工厂化育苗的效益?

# 第 4 章 花卉组织培养

## 本章导读

本章主要介绍了蝴蝶兰和红掌的组培过程,让学生了解花卉组织培养的主要方向和方法,为以后生产实践提供借鉴。

## 4.1 蝴蝶兰的组织培养

蝴蝶兰属兰科,又称蝶兰,原产于菲律宾、印度尼西亚、泰国、马来西亚及我国台湾等亚洲热带地区。蝴蝶兰属单茎气生兰,植株上极少发育侧枝,对其进行常规的无性繁殖,繁殖速度极慢,无法进行大量繁殖,而且比其他种类的兰花更难以进行常规的无性繁殖,组织培养和无菌播种是其大量繁殖的重要手段。

蝴蝶兰的工业化生产十分成功,通过组织培养技术和无菌播种技术大规模繁殖种苗,最后作为盆花和切花销售,在兰花市场上占有相当大的比例。目前,各国用于商品性生产的蝴蝶兰,均为经多年数代杂交培育的优良品系,多为大花型或多花型品种,与原生种比较,其花形丰满优美,色泽鲜艳,开花期长,生长势强健,更易栽培。

近几年来,随着我国经济的迅速发展,兰花种植业非常火热,国内建立了许多大型兰花生产和经营公司,均以生产蝴蝶兰为主。从前,蝴蝶兰主要在南方生产栽培,现逐渐扩展到我国北方的众多省市,由于严格的企业化管理和经营运作,经济效益十分显著。

### 4.1.1 蝴蝶兰的初代培养

蝴蝶兰茎尖、茎段、叶片、花梗侧芽、花梗节间、根尖、根段等均可作为外植体进行培养,只是难度有所不同。

**一、茎尖培养**

蝴蝶兰作为单轴类的兰科植物,极少有侧芽产生,所以不能像其他兰花一样切取侧芽作为外植体。只有少数品种,在长日照条件下栽培,花茎基部的隐芽可以萌发成小苗。因此,蝴蝶兰的茎尖培养只能切取幼苗或成株苗的顶尖作为外植体(图4-1-1)。

1. 茎尖的切取

通常采用5~6片叶片的幼苗茎尖效果较好。先将叶片的大部分切掉,除去叶的茎在流水下冲洗干净,在超净工作台上用10%漂白粉溶液进行表面灭菌15min,除去叶原基后,再用5%漂白粉溶液灭菌10min,然后用无

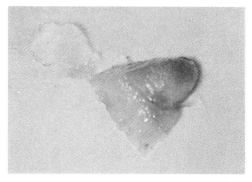

图4-1-1 蝴蝶兰外植体—茎尖

菌水冲洗干净,无菌条件下剥取茎尖及叶基部的腋芽,长2mm~3mm,最后接种于事先准备好的培养基上。

2. 培养基

茎尖培养采用VW培养基进行液体培养或固体培养,固体培养时添加琼脂9g/L、蔗糖20g/L、15%的椰乳,pH为5.4。

3. 培养条件

培养温度以25℃为宜,光照度2 000 lx,光照16h/d~24h/d。液体培养时,可控床以160r/min的速度作振荡培养,7d~10d转移至新培养基,约1个月的时间即诱导出原球茎,此时再转移至固体培养基继续培养。

因这种方法切取茎尖进行培养,会牺牲母株,增加成本,所以,可先以花梗侧芽作外植体培养完整的试管植株,然后切取其茎尖0.3mm。不用消毒,直接种在添加6-BA 3.0mg/L的培养基上,培养温度25℃,光照度1 500lx,光照10h/d,2周后茎尖明显膨大,颜色转绿,3个月后原球茎直径可达6mm。

二、花梗腋芽的培养

1. 取材部位

蝴蝶兰的组织培养以带节花梗为外植体效果较好,也最易成功(图4-1-2)。在将开花的植株上,当花梗抽出15cm左右时,取材较为适宜。在整个花梗中,其顶端的节首生花蕾,而中部和基部的节都生有苞叶覆盖的腋芽,但基部的2~3节通常萌发力较弱而不采用。所以,取花梗侧芽作为外植体时,以中部的几节较为适宜。

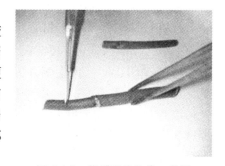

图4-1-2 蝴蝶兰外植体—花梗

2. 消毒与接种

在温室中,剪取整枝花梗,经流水冲洗后,首先用10%漂白粉溶液表面消毒5min,无菌水冲洗干净,然后剥去最外一层苞叶,再用漂白粉溶液消毒15min,无菌水冲洗干净后,将花梗剪成长约2cm带腋芽的切段,基部向下插入 MS+6-BA 3.0mg/L~5.0mg/L的培养基上(图4-1-3),3~4周后腋芽明显膨大变绿,6~8周后腋芽生长成为小植株,并在基部开始生有丛生芽(图4-1-4)。

图4-1-3　蝴蝶兰花梗接种

图4-1-4　蝴蝶兰花梗初代培养分化情况

### 3. 培养条件

花梗腋芽的培养,要求温度25℃~28℃,光照度1 000lx~2 000lx,光照10h/d,培养基中蔗糖30g/L、琼脂6g/L。除了MS培养基外,还可用Kyoto培养基进行蝴蝶兰花梗腋芽的诱导。其培养基为花宝1号3g、胰蛋白胨2g、蔗糖35g、琼脂15g、水1 000mL,pH值5.0,培养温度(25±1)℃,光照度1 500lx,光照12h/d。接种后7d左右,腋芽膨大并向外伸长,30d后长出小叶,55d后就有4~5片叶子。此时,幼苗生长正常,但花梗组织基部均变黑色,培养基也会变黑色,应及时将幼苗切离花梗,转芽增殖培养,经50d左右的培养,苗基部膨大并长出丛生芽,将幼苗转至生根培养基(同诱导腋芽启动培养基),45d左右即可长出肥壮的根。

## 三、叶片培养

### 1. 取材部位

叶片培养时,一般取材于花梗腋芽培养成的小植株或蝴蝶兰试管实生苗。采用花梗腋芽培养成的小植株叶片时,可将其叶片切成0.5cm大小进行接种,试管实生苗以100d~120d的幼苗为宜,将整叶切下直接插入培养基中,以第一个叶片(顶部)原球茎形成效果最好(图4-1-5)。以上两种方法的优点是,接种前避免了消毒这一关。在成年植株上切取叶片时,以切取叶片的基部为宜,其原球茎形成的比率较高。

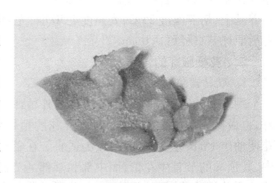
图4-1-5　蝴蝶兰叶片培养诱导的原球茎

### 2. 培养基

叶片培养时,选用的基本培养基为Kyoto改良培养基,附加KT 10.0mg/L、NAA 5.0mg/L及10%苹果汁或椰乳,也有人用Kyoto培养基附加BA 10.0mg/L、NAA 1.0mg/L及10.0mg/L腺嘌呤,也可用MS培养基或VW培养基,培养基中蔗糖30g/L,琼脂9g/L,pH调整为5.4。

### 3. 培养条件

温度为25℃,光照度500lx,光照16h/d。

## 4.1.2 继代培养

**一、丛生芽继代培养**

花梗腋芽等培养生成的丛生芽,经55d~60d的培养,花梗基部和培养基逐渐变黑,这时将丛生芽切下转接到MS+6-BA 3.0mg/L~5.0mg/L的培养基继代培养,约50d后可生成新的丛生芽,增殖倍数为3~4倍。

**二、原球茎继代培养**

当采用茎尖、叶片或根尖等外植体培养诱导出的原球茎达到一定大小并长满瓶时,需及时继代增殖,即在无菌条件下切成小块,接种到新鲜的培养基中,切块大小应在2mm以上,继代培养基以MS为基本培养基,添加5mg/L~10mg/L的6-BA、1mg/L的NAA,培养基中添加10%椰乳,增殖效果更好,但品种间差异很大(图4-1-6)。

图4-1-6 蝴蝶兰原球茎增殖培养

## 4.1.3 生根培养

当原球茎继代增殖到一定数量后,原球茎在继代培养基中或转移到生根育苗培养基中培养,均可分化出芽,并逐渐发育成丛生小植株。在无菌条件下,切下丛生小植株,接种到生根培养基(生根培养以Kyoto培养基生根效果较好)中,不久植株即可生根,待小植株长到一定大小时,即可向温室移栽。在转切丛生小植株时,基部未分化的原球茎及刚分化的小芽不要丢弃,收集起来重新置入生根育苗培养基中继续分化生长,即每次进行生根接种时,均只将大的植株转接,而将原球茎和小苗继续增殖与分化(图4-1-7,8,9,10)。

图4-1-7 蝴蝶兰壮苗培养

图4-1-8 蝴蝶兰在温室内生根培养

图 4-1-9　蝴蝶兰移栽

图 4-1-10　移栽成活的蝴蝶兰组培苗

## 4.1.4　蝴蝶兰的无菌播种

蝴蝶兰属热带气生兰，由于其种子不具有子叶和胚乳，在自然条件下极难萌发。但随着 20 世纪兰花无菌播种培养技术的成熟和完善，蝴蝶兰花的种子若在适宜的培养基和温光条件下，则比较容易萌发，并已广泛应用于蝴蝶兰的工厂化生产。

**一、果实采收和接种**

所用的种子可取自成熟的蒴果，也可取自未成熟的蒴果。现在普遍认为，未成熟的种子比成熟的种子更容易萌发，因而通常采用未成熟的绿色果实，其优点十分明显：一是表面灭菌比较容易，可简化成熟种子的消毒手续；二是可以缩短新品种的培育时间；三是可以加快种苗的繁殖进程。所采种子的时间要达到成熟的 1/3～1/2（图 4-1-11）。

未开裂的果实是无菌的，不要对里面的种子进行消毒。果实采摘以后，用毛刷蘸洗衣粉液轻轻刷洗,再用清水冲洗干净后,置超净工作台上,浸入0.1%升汞溶液中灭菌20min,取出后用无菌水冲洗数次,即可剥开接种。

### 二、培养基

可选用 Knudson C 培养基及其改良配方或 VW 培养基及其改良配方。1963年,美国《兰花学全月刊》公布的蝴蝶兰无菌播种培养基为 Kyoto 培养基。

### 三、培养

接种后置于20℃~25℃的培养室内培养。由于发芽培养,生长量大,故当培养基干燥时,应加入无菌水,要注意操作,防止污染。接种后10d~14d种开始膨胀,6周内种子转绿,以后发育为原球茎,再从上长出很多须根,约培养2~3个月可产生第一片叶,接着出现第2~3片叶,也产生第一条小根,完整植株形成,不断长大,9~10月小苗可移栽(图4-1-12)。

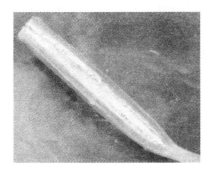 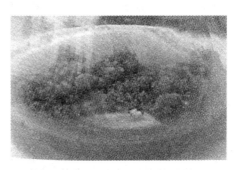

图 4-1-11　蝴蝶兰外植体—果荚里的种子　　图 4-1-12　蝴蝶兰种子培养产生的原球茎

## 4.2　红掌的组织培养

红掌为天南星科花烛属多年生附生常绿草本花卉,是重要的热带切花,佛焰花序,其佛焰花苞硕大,肥厚具蜡质,颜色有红、粉、白、绿、双色等。其色泽鲜艳,造型奇特,应用范围广,经济价值高,是目前全球发展快、需求量较大的高档热带切花和盆栽花卉。

在红掌原产地热带雨林,红掌可用种子繁殖,但进入开花时间长。分株繁殖是红掌以前繁殖的主要方式。红掌植株基部长出吸芽,产生根系后可分株,每年可分3~4株,繁殖系数较低,很难满足规模化生产所需的种苗。现在红掌种苗生产主要通过组织培养进行种苗的快速繁殖,也就是红掌的克隆技术。这样可以在比较短的时间内生产出整齐一致的优质种苗,满足规模化生产的需要。通过组织培养技术生产红掌种苗主要有再生体系的建立、增殖培养、壮苗生根、移栽和温室育苗等技术环节。

### 4.2.1　取材和处理

利用组织培养的方法进行红掌的扩繁快繁,主要有两条途径:一是利用芽增殖培养的方法,将自然条件下产生的小芽切下,经杀菌处理后接种在芽增殖培养基上,经过一段时间培养后许多不定芽便直接从接种的原始芽的基部产生;二是利用自然条件下生长的红掌植株的幼嫩叶片或叶柄作外植体,通过细胞脱分化和再分化,形成再生芽的途径。

取红掌幼苗刚展开的叶片、叶柄和顶芽,放入一容器内,先用自来水冲洗,再用加0.02%餐洗净的自来水浸泡10min,浸泡过程中经常摇动容器,目的是为了比较彻底地清除材料表面的尘土和菌物。浸泡后,用自来水冲洗10min以上,冲洗后将其转入一干净的三角瓶。

### 4.2.2　芽增殖和愈伤组织诱导培养基

芽增殖培养基:MS + 6-BA 1 ~ 1.5mg/L + NAA 0.5 ~ 1mg/L。

愈伤组织诱导培养基为1/2MS + 6-BA 0.6 ~ 1.2mg/L + 2,4-D 0.1 ~ 0.2 mg/L + 蔗糖20g/L或市售白砂糖30g/L,用1mol/L的KOH调节pH至5.8,加琼脂粉4.5g/L ~ 5.0g/L或琼脂条8g/L ~ 12g/L,高压灭菌后分装入90mm培养皿中,每皿约25mL,在超净工作台上吹干后加盖以防污染。

### 4.2.3　接　种

在超净工作上往三角瓶中加入75%酒精,浸泡杀菌30s ~ 60s。倒掉酒精,用无菌蒸馏水漂洗1次,将材料转入经高压消毒的三角瓶中,加入0.1%升汞液,浸泡杀菌8min,浸泡过程中经常摇动三角瓶。倒掉升汞液,用无菌蒸馏水冲洗4 ~ 6次。将材料从三角瓶中取出,在灭过菌的滤纸上用解剖刀将顶芽的生长点连同2 ~ 3个叶原基切出,将幼嫩叶片和叶柄剪成小块或小段,叶片切成0.5cm ~ 1.0cm见方的小块,叶柄切成0.5cm的小段,分别接种于芽增殖和愈伤组织诱导培养基。

### 4.2.4　初代培养

初代培养物放入培养室内培养,温度(26 ± 2)℃,前期对芽暗培养10d,然后在光下培养,光照度1 500lx ~ 3 000lx,8h/d ~ 10h/d。对叶片、叶柄可不经暗培养。在芽增殖培养基上,接种的生长点转到光下培养5d就转绿,在基部出现绿色芽点,继续培养2周,许多芽点便分化成小芽,分化率可达80%以上。用于愈伤组织诱导的叶片切块和叶柄切段培养2周左右,在切口处可见愈伤组织产生,再经3 ~ 4周,愈伤组织明显长大,但没有芽点形成和芽的分化,必须转入诱导芽分化培养基中方可产生新芽。由于愈伤组织的诱导时间较长,中间需更换1次培养基。

### 4.2.5　诱导芽分化培养

诱导芽分化培养基为MS + 6-BA 1.0 ~ 2.0mg/L + 蔗糖(白糖)30g/L,用1mol/L的KOH调节pH至5.8,加琼脂粉4.5g/L ~ 5.0g/L或琼脂条8g/L ~ 10g/L,煮沸后分装于100mL三

角瓶中,用羊皮纸封口,高压灭菌20min后备用。

将培养皿中愈伤组织长得较好的材料从皿中取出,转入诱导芽再生培养基,培养4周左右,愈伤组织产生不定芽。要想让小芽长大,需把小芽从愈伤组织上掰下,重新接入新的分化培养基。诱导芽分化培养基既可作芽分化用,又可作继代培养。在 MS 基本培养基上,再附加 1/4MS 中的 $NH_4NO_3$,可增加红掌的繁殖速度(图4-2-1)。

图4-2-1　红掌增殖培养

## 4.2.6　生根培养

诱导生根培养基采用 1/2MS 基本培养基附加 NAA 0.5mg/L～1.5mg/L、蔗糖15g/L,用 1mol/L KOH 调节 pH 至 5.8～6.0,加琼脂 5.5g/L,加热煮沸后分装于 100mL 三角瓶中,用羊皮纸封口,高压灭菌20min。将上述培养基中的大苗取出,在无菌滤纸上从基部切去 3mm 左右,接种到生根培养基中。生根培养期间,增强光照有利于生根。生根培养 7d～10d 就能长出白色突起,三周以后根系长到 1cm 以上,这时可以移栽。

红掌试管苗还可以直接进行瓶外发根培养,既可省去生根阶段的成本费用,又可加快繁殖速度。工厂化育苗可考虑采用此法。

## 4.2.7　移栽和后期管理

将瓶苗取出,用自来水漂洗清苗上的培养基后可进行移栽。移栽基质可用3份泥碳、1份珍珠岩和1份椰糠混配的基质,也有的用河沙、碎插花泥等。移栽后用800～1000倍稀释百菌清淋透。注意喷水保湿,移栽前期适度遮阴。小苗成活后每隔7～10天用叶面肥喷施,促进生长。定期喷多菌灵、百菌清等护苗防病。幼苗期叶茎都较嫩,常有地老虎、蜗牛等危害,要酌情给予防治(图4-2-1)。

 **本章小结**

通过组织培养技术和无菌播种技术大规模繁殖种苗,蝴蝶兰的茎尖、茎段、叶片、花梗侧芽、花梗节间段等均可作为外植体进行培养。再经过原球茎继代培养和生根培养,可以得到蝴蝶兰完整植株。蝴蝶兰花的种子在适宜的培养基和温光条件下,则比较容易萌发,并已被广泛应用于蝴蝶兰的工厂化生产。

红掌幼苗刚展开的叶片、叶柄和顶芽可作外植体,在 MS + 6-BA 1~1.5mg/L + NAA 0.5mg/L~1mg/L 的培养基上可以分化出不定芽,在 1/2MS + NAA 0.5~1.5mg/L 可以诱导出不定根。在红掌试管苗还可以直接进行瓶外发根培养。

 **复习思考**

1. 哪些组织可以作为蝴蝶兰组培的外植体?它们各有什么特点?
2. 蝴蝶兰原球茎如何诱导?
3. 蝴蝶兰无菌播种过程分为几个步骤?
4. 红掌是如何组培快速繁殖的?

# 第5章 蔬菜组织培养

**本章导读**

本章主要介绍了马铃薯和石刁柏的组培过程,让学生了解蔬菜组织培养的主要方向和方法,以便为以后生产实践提供借鉴。

## 5.1 马铃薯的组织培养

马铃薯是一种全球性的重要作物,在我国分布也很广,种植面积占世界第二位。由于其生长期短、产量高、适应性广、营养丰富、耐贮藏运输,因而成为高寒冷凉地区的重要粮食作物之一,也是一种调节市场供应的重要蔬菜。

马铃薯在种植过程中易感染病毒,危害马铃薯的病毒有17种之多。由于马铃薯是无性繁殖作物,病毒在母体内增殖、转运和积累于所结的薯块中,并且世代传递,逐年加重。马铃薯卷叶病毒和马铃薯Y病毒的一些株系,常使块茎产量减少50%~80%。我国马铃薯皱缩花叶病分布普遍,由此造成的减产达50%~90%,病毒危害一度成为马铃薯的不治之症。

从20世纪70年代开始,利用茎尖分生组织离体培养技术对已感染的良种进行脱毒处理,并在离体条件下生产微型薯和在保护条件下生产小薯再扩大繁育脱毒薯,对马铃薯增产效果极为显著。把茎尖脱毒技术和有效留种技术结合应用,并建立合理的良种繁育体系,是全面大幅度提高马铃薯产量和质量的可靠保证。

### 5.1.1 茎尖脱毒技术

**一、材料选择和灭菌**

在生长季节,可从大田取材,顶芽和腋芽都能利用,顶芽的茎尖生长要比取自腋芽的快,成活率也高。为便于获得无菌的茎尖,常把供试植株种在无菌的盆土中,放在温室进行栽培。对于田间种植的材料,还可以切取插条,在实验室的营养液中生长。取这些插条的腋芽长成的枝条,比直接取自田间的枝条污染要少得多。

消毒的方法是将顶芽或侧芽连同部分叶柄和茎段一起在2%次氯酸钠溶液中处理5min~10min,或先用70%酒精处理30s,再用10%漂白粉溶液浸泡5min~10min。然后用无离子水冲洗2~3次。消毒效果可达95%以上。

### 二、茎尖剥离和接种

消毒好的茎尖放在超净工作台40倍的双筒解剖镜下进行剥离,一只手用镊子将茎芽按住,另一只手用解剖针将幼叶和大的叶原基剥掉,直至露出圆亮的生长点。用自制的解剖刀将带有1~2个叶原基的小茎尖切下,迅速接种到培养基上。

### 三、茎尖培养

马铃薯的茎尖培养,MS和Miller基本培养基都是较好的培养基,而且附加少量(0.1mg/L~0.5mg/L)的生长素或细胞分裂素或两者都加,能显著促进茎尖的生长发育,其中生长素NAA比IAA效果更好。少量的赤霉素类物质(0.8mg/L),在培养前期有利于茎尖的成活和伸长,但如浓度过高或使用时间过长,会产生不利影响,使茎尖不易转绿,最后叶原基迅速伸长,生长点并不生长,整个茎尖变褐而死。马铃薯茎尖分生组织培养,一般要求培养温度(22±2)℃,光照度前4周是1 000lx,4周后增加至2 000lx~3 000lx,光照16h/d。

### 四、病毒检测

成苗后要按照脱毒苗质量监测标准和病毒检测技术规程进行病毒检测,检测无毒的为脱毒苗,转入快繁培养基,切段快繁。

### 五、生根培养

如果作生根培养,可待苗长至1cm~2cm高时,转入生根培养基(MS + IAA 0.1mg/L~0.5mg/L + 活性炭1mg/L~2 000mg/L),培养7d~10d生根。工艺流程见图5-1-1。

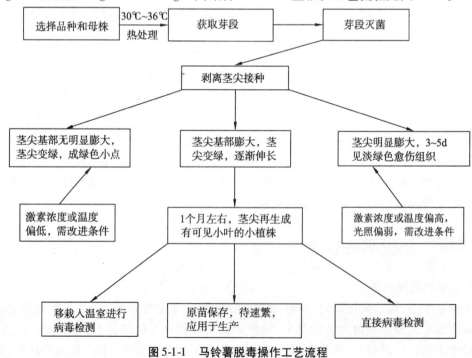

图5-1-1 马铃薯脱毒操作工艺流程

## 5.1.2 影响茎尖脱毒的因素

**一、茎尖大小**

马铃薯茎尖培养脱毒的效果,与茎尖大小直接相关,茎尖越小则脱毒效果越好,但再生植株的形成也较困难。病毒脱除的情况也与不同种类的病毒有关,如由带1个叶原基的茎尖培养所产生的植株,可全部脱除马铃薯卷叶病毒,80%的植株脱除马铃薯A病毒和Y病毒,约50%的植株可脱除马铃薯的X病毒。

马铃薯茎尖培养,去除病毒的困难程度按下列顺序递增:马铃薯卷叶病毒(PLRV)、马铃薯A病毒(PVA)、马铃薯Y病毒(PVY)、马铃薯奥古巴花叶病毒(PAMV)、马铃薯M病毒(PVM)、马铃薯X病毒(PVX)、马铃薯S病毒(PVS)和马铃薯纺锤块茎病毒(PSTV)。该顺序也不是绝对的,因品种、培养条件、病毒的不同株系等有所变化。

**二、热处理**

许多研究证明,马铃薯品种经严格的茎尖脱毒培养后仍然带毒,其原因并不是因为操作不严或后期感染所致,而是因为某些病毒也能侵染茎尖分生区域,如PSTV用茎尖培养法很难获得无病毒苗,PVX和PVS用常规的茎尖培养法脱毒率也仅在1%以下。另一原因是品种同时感染了几种病毒。这样两种情况下都不能仅仅通过茎尖培养来消除病毒,而热处理却可大大提高脱毒率。因此,采用热处理法与茎尖培养相配合,才能达到彻底清除病毒的目的。具体方法是将块茎放在暗处,使其萌芽,伸长1cm～2cm时,用35℃的温度处理1～4周,处理后取尖端5mm接种培养;或发芽接种后再用35℃处理8～18周,然后再取尖端培养,对于PVX和PVS,脱毒效果较为理想。为彻底清除PSTV,需对植株采用2次热处理,然后再切取茎尖进行培养。第一次是2～14周的热处理,经茎尖培养后,选只有轻微感染的植株再进行2～12周的热处理,经2次处理产生的部分植株就会完全不带PSTV。

连续高温处理,特别是对培养茎尖连续进行高温处理会引起受处理材料的损伤,因此若要消除PLRV,采用40℃(4h)和20℃(20h)两种温度交替处理,比单用高温处理的效果更好。

## 5.1.3 微型薯生产技术

由试管苗生产的重1g～30g的微小马铃薯,被称为微型薯。作为种薯的微型薯不带病毒,质量高,具有大种薯生长发育的特征、特性,能保证马铃薯高产不退化,增产效果一般在40%以上。微型种薯是马铃薯良种繁育的一项改革。许多国家已经在马铃薯良种繁殖体系中采用微型薯生产方法,并且以微型薯的形式作为种质保存和交换的材料。

组织培养生产微型薯要求条件较严格,费用较高,但产品的质量好,整齐度一致,一般只有1g～5g。由于是在三角瓶中培养,因此可作为不带病原菌的原原种使用,或作为基础研究材料和病原鉴定的实验材料。

**一、单茎段扩大繁殖**

将脱毒试管苗的茎切段,每个茎段带有1～2个叶片和腋芽,每个三角瓶中接4～5个茎

段进行培养。培养条件是22℃,光照16h/d,光照度1 0001x。国内外常采用的培养基有:

1. MS+3%蔗糖+0.8%琼脂;
2. MS+2%蔗糖;
3. MS+CCC 50mg/L+BA 6.0mg/L+0.8%琼脂或MS+50mg/L~100mg/L香豆素;
4. MS+3%蔗糖+4%甘露醇+0.8%琼脂。

在此条件下,由腋芽形成的小植株生长很快(图5-1-3)。当小植株长到4cm~5cm时,就可以进行第二步培养。

## 二、微型薯诱导

微型薯要求有一定量的激素,并且要在黑暗条件下。激素的需求量和种类在不同的研究报道有所不同。从微型薯的形成时间和数目综合比较,以国际马铃薯中心(CI)研究并推广的方法为好,但这一方法在实践中难以被接受,原因是CCC和BA价格昂贵。从国情出发,我国学者冉毅东等(1993)研究采用廉价的香豆素代替CCC和BA,用食用白糖代替蔗糖,同样效果很好。因此,建议采用MS+50mg/L~100mg/L香豆素的液体或固体培养基进行微型薯的诱导。诱导程序见图5-1-2。

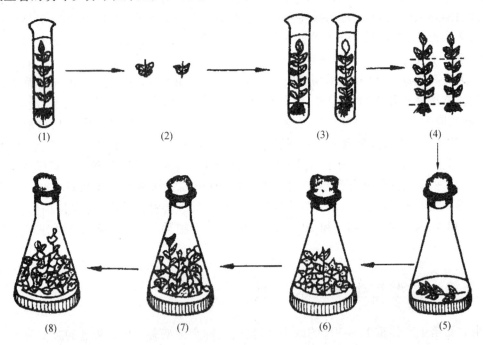

(1) 试管苗　(2) 茎切段　(3) 腋芽形成小植株　(4) 切取中部茎段
(5) 液体繁殖　(6) 植株增殖　(7) 加香豆素　(8) 微型薯形成

图5-1-2　微型薯试管繁殖诱导程序

与单茎段扩大繁殖不同,微型薯诱导必须在黑暗条件下进行,否则只有植株生长,而没有小薯形成。培养温度要求为22℃。

### 三、温室生产微型薯

单纯依靠科研单位生产微型薯原种已不能满足生产的需要。为了解决这一问题,研究人员专门设计了通过温室多层架盘生产微型薯的方法。

温室多层架盘工厂化生产的方法是:在温室4~6层育苗架上放育苗盘,基质可以是蛭石等。将三角瓶繁殖的脱毒苗以单茎段或双芽茎段扦插,然后在人工调控的温度和光照下经60d~90d即可收获微型薯。扦插时以3mg/LGA+5mg/L NAA浸泡茎段,扦插苗成活率达98%。

图5-1-3 马铃薯瓶苗

## 5.2 石刁柏的组织培养

石刁柏亦称芦笋,为百合科天门冬属多年生草本植物,雌雄异株。为保持其优良种性,生产上通常采用分株繁殖,但繁殖系数低。石刁柏雄性株早熟,品质好,寿命长,产量高。用组织培养方法繁殖石刁柏雄株,是解决生产上栽培优良雄株的有效途径。

### 5.2.1 挑选优良母株

挑选待繁石刁柏优良植株(如果繁殖全雄系则需取雄株)时,取5cm~10cm长的嫩茎,洗净泥土,用自来水冲洗15min~20min,再用70%的酒精浸泡1min~2min。然后用0.2%的升汞浸泡10min~15min,最后用无菌水冲洗3次待用。在解剖镜下剥离腋芽,接种在繁芽培养基(MS+6-BA 0.3mg/L~0.5mg/L+NAA 0.1mg/L~0.2mg/L)上,放入培养室内培养。

### 5.2.2 确定培养条件

培养环境条件设定为光照度 1 000lx ~ 3 000lx,光周期 13h/d ~ 16h/d,温度(25 ± 2)℃,空气相对湿度 50% ~ 60%,自然通风。

### 5.2.3 继代培养

接种 7d ~ 8d 芽尖转绿,15d 左右分化新芽,6 ~ 8 周长成 6cm ~ 8cm 高的植株。试管苗每叶节切一段,转入上述培养基继代快繁培养(MS + IBA)。3 ~ 6 周后长成 3 ~ 5 片叶的幼苗。

### 5.2.4 观察记录

记录苗芽发生时间、生长状况、污染率。

### 5.2.5 扩大繁殖

照上述方法重复进行扩繁,直到达到要求繁殖数量。将试管苗切段,接入生根培养基(MS + KT 0.1mg/L ~ 0.5mg/L + NAA 0.05mg/L ~ 0.1mg/L),7d ~ 10d 生根。

### 5.2.6 试管苗移栽

移栽前,将试管苗置自然光下锻炼,至根系健全拟叶开展,然后开盖炼苗 2d ~ 3d,在光线较充足的条件下保湿移栽。移栽的成活率主要取决于试管苗的质量。在生根培养基中添加 PP333 50mg/L 可有效地改进试管苗的质量,使根系粗而发达,移栽成活率可大幅度地提高。

 本章小结

利用热处理和茎尖分生组织离体培养技术可对已感染的马铃薯良种进行脱毒处理。将块茎放在暗处,使其萌芽,伸长 1cm ~ 2cm 时,用 35℃ 的温度处理 1 ~ 4 周,处理后取尖端 5mm 接种培养;或发芽接种后再用 35℃ 处理 8 ~ 18 周,然后再取茎尖培养,脱毒效果较为理想。采用 MS + 50mg/L ~ 100mg/L 香豆素的液体或固体培养基进行微型薯的诱导。

用组织培养方法繁殖石刁柏雄株,是解决生产上栽培优良雄株的有效途径。诱导培养基为 MS + 6-BA 0.3mg/L ~ 0.5mg/L + NAA 0.1mg/L ~ 0.2mg/L,继代快繁培养基为 MS + IBA,生根培养基为 MS + KT 0.1mg/L ~ 0.5mg/L + NAA 0.05mg/L ~ 0.1mg/L。

**复习思考**

1. 马铃薯脱毒苗的培养大致分几个阶段？各阶段是怎样操作的？
2. 微型薯是如何生产的？
3. 石刁柏的生物学习性有哪些？石刁柏是怎样快速繁殖的？

# 第6章 果树组织培养

## 本章导读

本章主要介绍草莓和葡萄的组织培养过程,让学生了解果树组织培养的主要方向和方法,为以后生产实践提供借鉴。

## 6.1 草莓的组织培养

草莓栽培过程中很容易受到1种或1种以上病毒的侵染,因而每年都需要更换母株。据王国平等人调查,目前我国各草莓种植区均有草莓病毒存在,带毒株率在80%以上,多数品种(特别是一些老品种)其大部分病株同时感染几种病毒,经济损失十分严重。

### 6.1.1 草莓病毒种类

草莓病毒病是由草莓感染上不同病毒后引起发病的总称;在栽培上表现的症状,大致可分为黄化型和缩叶型两种类型。草莓病毒病和其他植物病毒病不同,有潜伏浸染特性,尽管植株已被病毒侵染,却不能很快表现症状,而且单一病毒侵染也不表现症状,只有几种病毒重复感染时,才表现出明显的症状。目前,我国草莓病毒病主要有四种:① 斑驳病毒(SMoV);② 轻型黄边病毒(SMYEV);③ 镶脉病毒(SVBV);④ 皱缩病毒(SCrV)。SMoV和SCrV为世界性分布,凡有草莓栽培的地方,几乎都有。SCrV是草莓危害性最大的病毒。草莓不仅受其本身多种病毒病的危害,而且也受树莓环斑病毒、烟草坏死病毒、番茄环斑病毒等的侵染,这些病毒都会给草莓生产带来损失。

## 6.1.2 脱　毒

### 一、热处理法脱毒

**1. 材料的准备**

培育准备热处理的盆栽草莓苗,要注意根系生长健壮。严禁栽植后马上进行热处理,最好在栽植后生长 1~2 个月再进行。草莓苗最好带有成熟的老叶,以增加对高温的抵抗能力。为防止花盆中水分蒸发,增加空气湿度,可把花盆用塑料膜包上,或改用塑料花盆。

**2. 热处理方法**

将盆栽草莓苗置于高温热处理箱内,逐渐升温至 38℃,箱内湿度为 60%~70%,处理时间因病毒种类而定。例如,草莓斑驳病毒,用热处理比较容易脱除,在 38℃ 恒温下,处理 12d~15d 即可脱除;草莓轻型黄边病毒和草莓皱缩病毒,热处理虽能脱除,但处理时间较长,一般需 50d 以上;而草莓镶脉病毒,因为耐热性强,用热处理法不容易脱除。

### 二、茎尖培养脱毒

**1. 取材和消毒**

取经过热处理后,草莓母株上新抽出的匍匐茎为外植体,以每年 6~7 月最为适宜。如果母株没有经过热处理,则于 7~8 月匍匐茎发生最旺盛的时期,在无病虫害的田块,连续晴天 3d~4d 时选取生长健壮、新萌发且未着地的匍匐茎段 3cm 长作外植体。用流水冲洗材料 2h,然后进行表面消毒。消毒步骤是:

(1) 用洗涤灵水溶液去材料表面的油质;

(2) 用 70% 的乙醇浸泡数秒以除去表面的蜡质;

(3) 用 3% 的次氯酸钠溶液浸泡消毒 15min~30min,然后用无菌水冲洗 3 次。

**2. 接种和培养**

材料消毒后,置于超净工作台上的双筒解剖镜下,用解剖针一层层剥去幼叶和鳞片,露出生长点,一般保留 1~2 个叶原基,切取 0.2mm~0.3mm,立即接种于培养基上(图 6-1-1)。如经热处理后的植株生长点可大一些,一般切取 0.4mm~0.5mm,带有 3~4 个叶原基。

(1) 茎尖分化培养基采用:MS + 6-BA 0.5mg/L + IBA 0.1mg/L;

(2) 继代培养基为:MS + 6-BA 1mg/L;

(3) 生根前 1 次的继代培养基为:MS + 6-BA 0.5mg/L;

(4) 生根培养基为:1/2MS + IBA 1.0mg/L。温度保持在 23℃ 左右,光照度 2 000lx,光照 12h/d。

图 6-1-1　草莓组培苗

### 3. 生长与分化

接种后1~2个月,茎尖在培养基(1)上形成愈伤组织并分化出小的植株。为了扩大繁殖,将初次培养产生的新植株切割成有3~4个芽的芽丛转入培养基(2)中继代培养,每瓶放置3~4个芽丛,经过3~4周的培养可获得由30~40个腋芽形成的芽丛及植株。在转入生根培养基的前1次继代培养时,将苗转入培养基(3)中,即降低6-BA的含量。

### 4. 生根培养

生根过程既可在培养基上进行,又可在瓶外进行。为了获得整齐健壮的生根苗,应将芽丛切割开,单个芽转接到专门的生根培养基中生根,即在培养基(4)中培养,培养4周后,可长成4cm~5cm高并有5~6条根的健壮苗。

## 6.1.3 花药培养脱毒

1974年,日本大泽胜次等首先发现草莓花药培养出的植株可以脱除病毒,并得到了植物病理学家和植物生理学家的证实,现在已作为培育草莓无病毒苗的方法之一。

### 一、取材和消毒

于春季草莓现蕾时,摘取发育程度不同的花蕾,用醋酸洋红染色,压片镜检,观察花粉发育时期。当花粉发育到单核期时,即可采集花蕾剥取花药接种。如果没有染色镜检条件的,可以掌握花蕾的大小,观察花蕾发育到直径4mm、花冠尚未松动、花药直径1mm左右时采集花蕾。

材料先用流水冲洗几遍,在4℃~5℃低温条件下放置24h,然后进行药剂消毒。方法是将花蕾先浸入70%酒精中30s,再用10%漂白粉或0.1%升汞消毒10min~15min,倒出消毒液,再用无菌水冲洗3~5次。

### 二、接种和培养

在超净工作台上,用镊子小心剥外花冠,取下花药放到培养基中,每个培养瓶内接种20~30个花药。诱导愈伤组织和植株分化培养基:MS附加BA 1.0mg/L + NAA 0.2mg/L和IBA 0.2mg/L。小植株增殖培养基:MS附加BA 1.0mg/L和IBA 0.05mg/L。诱导生根培养基:1/2MS附加IBA 0.5mg/L和蔗糖20g/L。

培养温度20℃~25℃,光照度1 000lx~2 000lx,每天光照10h。培养20d后即可诱导出小米粒状乳白色大小不等的愈伤组织。有些品种的愈伤组织不经转移,在接种后50d~60d可有一部分直接分化出绿色小植株。但不同品种花药愈伤组织诱导率不同,直接分化植株的情况也有差异。此时附加少量2,4-D 0.1mg/L~0.2mg/L,对有些品种的诱导率和分化率有提高的效果。

生根同茎类培养脱毒中的培养方法。

## 6.1.4 脱毒草莓种苗病毒检测规程

### 一、检测对象

主要检测草莓轻型黄边病毒(SMYEV)、草莓镶脉病毒(SVBV)、草莓斑驳病毒(SMoV)

和草莓皱缩病毒(SCrV)。

### 二、抽样

脱毒母本株的取样是在繁育季节从每株待检母本株选取幼嫩叶片作为检测样品；组培苗的取样是作为原种的组培苗全部检测；作为脱毒种苗的植株要抽取样品的5%进行检测。

### 三、检测方法

指示植物检测法主要用于检测草莓斑驳病毒、草莓皱缩病毒、草莓镶脉病毒和草莓轻型黄边病毒。

检测过程主要有以下几步：

1. 繁育指示植物

草莓病毒病的症状表现不明显，采用欧洲草莓(*Fragaria vesca*)及蓝莓(*Fragaria virginiana*)两个野生品种中的易感品种，在防蚜条件下将指示植物和待测植株栽培在小花盆中，不断去掉指示植物的匍匐茎，使叶柄加粗，当达到2mm粗时，进行嫁接。

2. 嫁接

从待检植株上采集幼嫩成叶，除去左右两侧小叶，将中间小叶留有1cm～1.5cm的叶柄削成楔形作为接穗。同时在指示植物上选取生长健壮的1个复叶，剪去中央的小叶，在两叶柄中间向下纵切1.5cm～2cm长的切口，然后把待检接穗插入指示植物的切口内，用细棉线包扎接合部。每一指示植物可嫁接2～3片待检叶片。为了促进成活，将整个花盆罩上聚乙烯塑料袋或放在喷雾室内保湿，这样可维持2周时间(图6-1-2)。

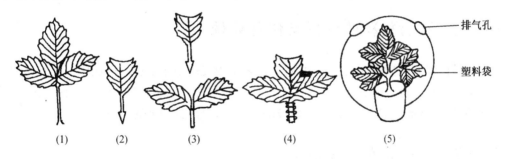

(1) 待检复叶　(2) 待检接穗　(3) 指示植物　(4) 嫁接　(5) 套袋保湿，促进接穗成活

**图 6-1-2　草莓小叶嫁接法**

3. 阳性判断

30d～50d连续进行症状观察，记录指示植物症状表现，确定病毒有无和种类等。

## 6.1.5　组培苗的移栽技术

### 一、移栽技术

1. 试管苗的苗龄为15d，主根长1.5cm左右，白色无须根，移栽成活率可达90%～100%。

2. 移栽前要将培养瓶从培养室中取出置于自然条件下，打开瓶盖进行透气锻炼。24h

后,从瓶中取出幼苗,清除干净根部及根颈处的培养基,栽入苗圃或穴盘中进行驯化。

3. 基质可采用经过灭菌处理的腐熟锯木屑或腐叶土,也可采用经过灭菌处理的由蛭石与珍珠岩按体积以 1∶1 配成的混合物,或园土与煤渣按体积以 2∶1 配制成的混合物。

### 二、提高移栽成活率的关键

（1）选择不定根直接生自茎基,根多且粗壮,叶片在 3 片以上,叶大、厚、深绿的生根苗,成活率普遍较高。

（2）栽培基质要用清水冲洗干净或用多菌灵或甲基托布津掺拌灭菌,用煤渣作基质时,还要用 0.2% 冰乙酸中和使碱性降低。

（3）移栽时采取"深栽浅埋"。深栽就是在移栽时根要栽得深,浅埋的标准是使小苗的根颈与土表平齐或略高于土表。

（4）注意控制光照、温度与湿度。小苗移栽后,放在温室内或塑料拱棚内培养,温度控制在 15℃~20℃,湿度维持在 80% 左右为宜。

（5）由于刚移栽的小苗茎秆脆嫩,应尽量采用喷雾状浇水,水量也不宜过大,落干后再喷。遮光 50%,1 周后,可逐渐增强日光照射。

## 6.2 葡萄的组织培养

### 6.2.1 实验材料的选择与催芽处理

将通过休眠期的插条埋入沙床中,置于培养室中或较干净温暖的催芽床上令其萌发,待新梢长出 3 节以上时,选取顶芽和侧芽为外植体。取材时,应尽量在无菌的条件下剪取嫩枝,如用酒精棉球擦洗尖刀、消毒盛放嫩枝的器皿等,以减少细菌的污染。

### 6.2.2 芽的培养与诱导再生

#### 一、取材与消毒

将剪取的嫩枝先除去幼叶,剪成一定长度的茎段,务使每段上都带有腋芽或顶芽,用自来水冲洗 2h~3h,再将材料放入无菌水中,置 4℃ 冰箱内处理 4h,实验证明这样预处理可使材料更易诱导再生。将材料从冰箱中取出,用自来水加 0.02% 的餐洗净浸泡 10min,浸泡过程中经常摇动(但不要用玻璃棒等搅动),以便使清洗液与茎段充分接触,比较彻底地清除材料表面的尘土和菌物。浸泡后,用自来水冲洗 10min 以上,以彻底除去餐洗净,将冲洗后的材料转入干净的三角瓶。

在超净工作台上,往三角瓶中加入 75% 的酒精,浸泡 20s(因葡萄芽对酒精敏感,酒精消毒不宜超过 20s),倒掉酒精,用无菌蒸馏水漂洗 1 次,将芽转入经高压消毒的三角瓶中,加入 0.1% 升汞液,浸泡 8min,浸泡过程中要经常摇动三角瓶,以使升汞液与材料充分接触。

倒掉升汞液,用无菌蒸馏水冲洗4~6次,每次2min,以彻底除去升汞。

### 二、接种

芽分化培养基是 MS + 6-BA 0.5mg/L ~ 1.0mg/L,pH5.8,加热至70℃时加入琼脂粉5.0g/L,煮沸1min后分装于100mL三角瓶中,用羊皮纸封口,高压灭菌20min后备用。

消毒完毕之后,将材料从三角瓶中取出,放在消毒滤纸上将水分吸干,将茎段基部在无菌滤纸上切一新面,并切成一定长度的小段,但每一段都应有芽,芽朝上接种于芽分化培养基上。将其放在培养室内培养,培养条件为温度25℃~28℃,光照16h/d,光照度为1 800lx。培养2周后,可见许多绿色的芽点和小的不定芽出现。再经一段时间可长出许多小芽,芽簇生于一起很难分开,且小苗在分化培养基中生长缓慢,要想让小苗长大,需将小苗转入壮苗培养基。

### 三、壮苗与继代培养

壮苗培养基是 MS + 6-BA 0.4mg/L ~ 0.6mg/L,pH5.8,加热至70℃时加入琼脂粉5.0g/L,煮沸1min后分装于100mL或150mL三角瓶中,高压灭菌20min后备用。

从芽再生培养基上选取较大的不定芽,转接到壮苗培养基,每个三角瓶可放5~8个。该培养基既可以作壮苗用,又可以作继代用。在常规培养室内,经3周左右,小芽即可长成4cm左右高的无根苗。葡萄在此培养基中生长繁殖很快,每4周可繁殖5倍左右,因此每间隔4周就需要继代1次。

如果要将试管苗移栽到温室栽培,则还必须先转到生根培养基上诱导生根。

### 四、生根培养

生根培养基是 1/2MS + NAA 0.1mg/L ~ 0.3 mg/L,pH6.0,加热至70℃时加入琼脂粉5.5g/L ~ 6.0 g/L。煮沸1min后分装于100mL或150mL三角瓶中,用羊皮纸封口,高压灭菌20min后备用。

从壮苗培养基上选取3cm ~ 4cm高的壮苗,在无菌滤纸上用解剖刀从基部切去3mm ~ 5mm,将小苗转到生根培养基上,每瓶7 ~ 8株为宜。将三角瓶置于常规培养室中,2周后可见根原基形成。

### 五、移栽

待根长至1cm左右时,将捆扎三角瓶的绳子或皮筋解开,但不要把盖子拿掉。将三角瓶转到低于培养室温度,最好有散射太阳光的地方,炼苗1周后移栽。

移栽用的基质最好是灭过菌的蛭石,如无灭菌条件,可用杀菌剂和杀虫剂预先处理蛭石,移栽时首先轻轻洗去根部的培养基,用镊子将苗移入蛭石,注意不要伤着根。移入后浇透水,用塑料薄膜盖好,并在塑料膜上打些小孔,以利于气体交换,将其放到温室中,1周后逐渐揭去塑料膜。这时的植株已基本适应温室中的环境,2周后植株开始长出新叶,根也开始伸长,同时还会有许多新根长出,此时可连同蛭石一起移入盆中或苗圃内。

## 本章小结

通过组织培养可以去除草莓体内部分病毒。将盆栽草莓苗于高温热处理后,切取0.4mm ~ 0.5mm大小的微茎尖培养,或取直径1mm的花药培养,可以有效去除病毒。用指示植物法进行病毒检验,合格后再进行继代培养和生根培养,对脱毒苗进行快速繁殖。

葡萄芽分化培养基是 MS + 6-BA 0.5mg/L～1.0mg/L,壮苗培养基是 MS + 6-BA 0.4mg/L～0.6mg/L,生根培养基是 1/2MS + NAA 0.1mg/L～0.3mg/L,根长至 1cm 左右时便可移栽。

  **复习思考**

1. 草莓去除病毒有哪些方法?
2. 脱毒草莓种苗病毒如何检测?
3. 葡萄的生物学习性有哪些?葡萄是怎样快速繁殖的?

# 第7章 技能训练

## 7.1 培养基母液的配制

### 7.1.1 实训目的

(1) 掌握 MS 培养基各种母液的配制方法。
(2) 掌握生长调节剂原液的配制方法。

### 7.1.2 材料与用具

1. 药品：$KNO_3$、$NH_4NO_3$、$MgSO_4 \cdot 7H_2O$、$KH_2PO_4$、$CaCl_2 \cdot 2H_2O$、$MnSO_4 \cdot 4H_2O$、$H_3BO_3$、$ZnSO_4 \cdot 7H_2O$、KT、$Na_2MoO_4 \cdot 2H_2O$、$CuSO_4 \cdot 5H_2O$、$CoCl_2 \cdot 6H_2O$、$Na_2$-EDTA、$FeSO_4 \cdot 7H_2O$、肌醇、甘氨酸、盐酸硫胺素、盐酸吡哆醇、烟酸、BA、NAA、IBA、蒸馏水、1mol/L 盐酸、95%酒精等。

2. 器皿：100mL 容量瓶、500mL 容量瓶、1 000mL 容量瓶、烧杯、磨口瓶、玻璃棒、胶头滴管等。

3. 仪器：感量分别为 0.01g、0.001g、0.000 1g 的天平、冰箱。

### 7.1.3 方法与步骤

1. 大量元素母液的配制

(1) 称量：一般将大量元素配制成 10 倍的母液，称量各种化合物的用量应扩大 10 倍。配制 1000mL 大量元素母液，需用感量为 0.01g 或 0.001g 的天平称取下列药品：$KNO_3$ 19.0g；$NH_4NO_3$ 16.5g；$MgSO_4 \cdot 7H_2O$ 3.7g；$KH_2PO_4$ 0.17g；$CaCl_2 \cdot 2H_2O$ 4.4g。

(2) 溶解：先在 1 000mL 烧杯中加入 500mL~600mL 蒸馏水，将药品按顺序加入，用玻璃棒不断搅动,当一种化合物完全溶解后,再加入后一种化合物。必须最后加入氯化钙或单独配制,否则易出现沉淀。也可以加热溶解,但加热溶解温度不可过高,以60℃~70℃为宜。

(3)定容:将完全溶解后的溶液倒入1 000mL的容量瓶中,用蒸馏水冲洗烧杯3~4次,将洗液全部转入容量瓶中,加蒸馏水定容至1 000mL,摇匀。

2. 微量元素母液的配制

(1)称量:一般将微量元素配制成100倍的母液,称量各种化合物的用量应扩大100倍。配制1 000mL的母液,需用感量0.000 1g的电子天平准确称取下列药品:$MnSO_4 \cdot 4H_2O$ 2.23g;$ZnSO_4 \cdot 7H_2O$ 0.86g;$H_3BO_3$ 0.32g;$KI$ 0.083g;$Na_2MoO_4 \cdot 2H_2O$ 0.025g;$CuSO_4 \cdot 5H_2O$ 0.002 5g;$CoCl_2 \cdot 6H_2O$ 0.002 5g。

(2)溶解:按配制大量元素母液的方法,将上述药品分别溶解。

(3)定容:将溶解后的溶液倒入容量瓶中,用蒸馏水冲洗烧杯3~4次,将洗液全部转入容量瓶中,加蒸馏水定容至1 000mL,摇匀。

3. 铁盐母液的配制

(1)称量:一般将铁盐配制成100倍的母液,称量各种化合物的用量应扩大100倍。配制500mL母液需用感量0.001g的电子天平准确称取下列药品:$Na_2$-EDTA 1.865g;$FeSO_4 \cdot 7H_2O$ 1.39g。

(2)溶解:在烧杯加少量蒸馏水将$Na_2$-EDTA加热溶解后,再缓缓加入$FeSO_4$溶液充分搅拌并加热5min,使其充分螯合。

(3)定容:将溶解后的溶液倒入容量瓶中,用蒸馏水冲洗烧杯3~4次,将洗液全部转入容量瓶中,加蒸馏水定容至500mL,摇匀。

4. 有机物母液的配制

(1)称量:有机物母液浓度一般为培养基配方浓度的100倍,称量各种化合物的用量应扩大100倍。配制500mL母液需用感量0.000 1g的电子天平准确称取下列药品:肌醇5.0g;甘氨酸 0.1g;盐酸硫胺素 0.005g;烟酸 0.025g;盐酸吡哆醇 0.025g。

(2)溶解:在烧杯中加入少量蒸馏水将上述药品溶解。

(3)定容:将溶解后的溶液全部转入容量瓶中,加蒸馏水定容至500mL,摇匀成100倍液。

5. 植物生长调节剂原液的配制

(1)称量:生长调节剂原液的浓度一般为0.5mg/L~1.0mg/mL,配制浓度1.0mg/mL植物生根调节剂原液100mL,需用感量0.000 1g的电子天平准确称取生长素或细胞分裂素0.1g。

(2)溶解:NAA、IAA、IBA、2,4-D等生长素先用少量95%酒精溶解,也可加热助溶,KT、BA等细胞分裂素可用少量1 mol/L盐酸溶解,再加少量蒸馏水,赤霉素可用蒸馏水直接配制。

(3)定容:将溶解后的溶液全部转入容量瓶中,加蒸馏水定容至100mL,摇匀,即成1.0mg/mL生长调节剂原液。

6. 母液的保存

将配制好的母液或原液分别倒入磨口瓶中,贴好标签,注明培养基名称、母液名称、配制倍数(或浓度)和配制日期,置于4℃冰箱中保存。

7. 注意事项

(1) 有些药品易吸潮,不宜在空气中停留时间过长,在称量时要快速准确称量。

(2) 在搅拌和转移溶液时要小心,避免溶液溅出容器外。

(3) 定容时眼睛一定要平视刻度线。

(4) 保存的母液定期检查看有无沉淀,如出现沉淀再重新配制。

### 7.1.4 实训报告

1. 根据实验操作填写下表:

MS 培养基母液配制表　　配制日期:　　年　月　日

| 母液(原液) | 成分称取量 | 配制母液体积 | 扩大倍数 |
|---|---|---|---|
| 大量元素 | | | |
| 微量元素 | | | |
| 铁盐 | | | |
| 有机物质 | | | |
| 生长调节剂 | | | |

2. 分别写出各种母液的配制方法与步骤。

## 7.2　培养基配制与灭菌

### 7.2.1　实训目的

(1) 掌握 MS 固体培养基一般配制方法。

(2) 熟悉母液、植物生长调节剂用量的计算。

(3) 掌握灭菌锅的使用方法。

### 7.2.2　材料与用具

(1) 培养基及药品:各种 MS 培养基母液、植物生长调节剂原液、蔗糖、琼脂、蒸馏水、1mol/L NaOH、1mol/L HCl、精密 pH 试纸。

(2) 器皿:量筒、吸管、移液管、培养瓶、铝锅、分装器。

(3) 仪器:天平、酸度计、水浴锅、煤气灶、灭菌锅。

### 7.2.3 方法与步骤

1. 确定配方

根据培养需要选择一种培养基配方，MS 培养基是植物组织培养中最常用的基本培养基。

2. 称量(量取)

根据所需配制的培养基量、母液的扩大倍数、植物生长调节剂的浓度，按照下面公式分别计算需量取的母液和生长调节剂原液的量。计算时要注意浓度的单位是否一致。

（1）计算公式：

母液用量 = 培养基配方浓度/培养基母液浓度 × 培养基配制量

植物生长调节剂原液用量 = 培养基配方浓度/植物生长调节剂原液浓度 × 培养基配制量

（2）量取母液、称量药品琼脂。配制 1 000mL 培养基，需称量(或量取)以上各种母液、蔗糖等：10 倍大量元素母液 100mL；100 倍微量元素母液 10mL；100 倍铁盐母液 10mL；200 倍有机物母液 5mL；蔗糖 30g；琼脂 7g。

注意用于量取各种母液的吸管不能混用，如配方中需要添加植物生长调节剂，计算好添加量后一起量取。

3. 加热溶解

先在锅内加 700mL~800mL 蒸馏水，然后加入琼脂，加热并不断搅拌，直至琼脂完全溶化，再放入蔗糖、母液混合液和生长调节剂原液。琼脂必须完全溶化，以免造成浓度不均匀。

4. 定容

各种物质完全溶解，充分混合均匀后，加蒸馏水将培养基定容至 1 000mL。

5. 调整 pH 值

不同的植物对酸碱度要求不同，应根据植物的生长习性和要求来调整培养基 pH 值。先用酸度计或精密 pH 试纸测定培养基 pH 值，用 1mol/L NaOH 或 l mol/L HCl 将 pH 值调至合适的值，多数植物要求 pH 为 5.8。

6. 分装

将配制好的培养基趁热分装到培养瓶中，厚度约 1cm，容积 250mL 的培养瓶一般可装入 30mL~40mL 培养基。

7. 包扎

装瓶后用封口材料包扎瓶口或盖上瓶盖，然后标明培养基种类、生长调节剂浓度，准备灭菌。分装后应立即灭菌，避免培养基中微生物大量生长。若因故不能及时灭菌，最好放入冰箱中，在 24 h 内完成灭菌工作。

8. 高压蒸汽灭菌

高压蒸汽灭菌用途广，效率高，是微生物学实验中最常用的灭菌方法。这种灭菌方法是基于水的沸点随着蒸汽压力的升高而升高的原理设计的。当蒸汽压力达到 $1.05kg/cm^2$ 时，水蒸气的温度升高到 121℃，经 15min~30min，可全部杀死锅内物品上的各种微生物和它们的孢子或芽孢。一般培养基、玻璃器皿以及传染性标本和工作服等都可应用此法灭菌。

操作方法和注意事项如下：

(1) 加水：打开灭菌锅盖，向锅内加水到水位线。立式消毒锅最好用已煮开过的水，以便减少水垢在锅内的积存。注意水要加够，防止灭菌过程中干锅。

(2) 装料、加盖：灭菌材料放好后，关闭灭菌器盖，采用对角式均匀拧紧锅盖上的螺旋，使蒸汽锅密闭，勿使漏气。

(3) 排气：打开排气口（也叫放气阀）。用电炉加热，待水煮沸后，水蒸气和空气一起从排气孔排出，当有大量蒸汽排出时，维持5min，使锅内冷空气完全排净。

(4) 升压、保压和降压：当锅内冷空气排净时，即可关闭排气阀，压力开始上升。当压力上升至所需压力时，控制电压以维持恒温，并开始计算灭菌时间，待时间达到要求（一般培养基和器皿灭菌控制在121℃，20min）后，停止加热，待压力降至接近"0"时，打开放气阀。注意不能过快地排气，否则会由于瓶内压力下降的速度比锅内慢而造成瓶内液体冲出容器之外。

### 7.2.4 实训报告

1. 根据实验填写下表：

MS 固体培养基配制表　　配制日期：　　年　月　日

| 培养基成分 | 母液倍数（原液浓度）配制 | 1L需要量/g | 配制量 | 需要量 |
|---|---|---|---|---|
| 母液大量元素 | | | | |
| 母液微量元素 | | | | |
| 母液铁盐 | | | | |
| 母液有机物 | | | | |
| 蔗糖 | | 20～30 | | |
| 琼脂 | | 5～7 | | |
| 细胞分裂素 | | | | |
| 生长素 | | | | |

2. 试述高压蒸汽灭菌的过程及注意事项。

## 7.3　植物组织培养的无菌操作程序

### 7.3.1　实训目的

掌握无菌操作的步骤。

## 7.3.2 材料与用具

已表面消毒的茎段、70%酒精、95%酒精、酒精灯、镊子、剪刀、支架、解剖刀、超净工作台。

## 7.3.3 方法与步骤

**一、植物组织培养操作中连贯的无菌操作程序**

（1）提前打开接种室和超净工作台上的紫外灯，照射20min～30min。接种人员进入接种室后及时关闭。

（2）操作人员进入接种室前必须剪除指甲，并用肥皂洗手。在缓冲间更换已消毒的工作服、帽子、口罩、拖鞋后方可进入接种室。

（3）操作前10min使超净工作台处于工作状态，让过滤空气吹拂工作台面和台壁四周。

（4）用70%酒精喷雾室内使超净工作台降尘，并消毒双手和擦洗工作台面。

（5）操作中使用的各种接种工具如镊子、剪刀、支架、解剖刀等放入95%酒精中浸泡，在酒精灯上灼烧灭菌，然后放置在支架上冷却。

（6）用70%酒精擦洗培养瓶瓶壁、瓶盖。

（7）左手拿培养瓶，右手轻轻取下瓶口包扎物或瓶盖，用火焰对瓶口进行灼烧灭菌。然后用剪刀剪取材料，并用镊子轻轻将瓶内培养材料取出，在无菌纸或无菌培养皿上分割或切段。

（8）将切割后的材料用镊子轻轻接种在培养基中（注意区别材料的生物学上下端），再用火焰对瓶口进行灼烧灭菌，盖上瓶盖或包扎好封口薄膜。

（9）接种完毕后，在瓶壁上用记号笔做好标记，注明植物名称、接种日期等，以免混淆。

（10）实验结束后要将工作台清理干净，关闭超净工作台，可用紫外灯照射30min。若连续接种，每5d要大强度消毒一次。

**二、接种过程中应注意的事项**

（1）操作人员在操作时应尽量少谈话，减少走动，在接种时谈话或咳嗽以及空气的流动会大大增加污染的几率。

（2）培养瓶口要处在酒精灯火焰附近的无菌区，手不要碰到已灭过菌的器具下部。

（3）在切割材料和将材料接入瓶中时，手尽可能地不在无菌接种纸上方移动。

（4）接种操作中应及时更换无菌纸，接种工具每使用一次后都要消毒。

## 7.3.4 实训报告

（1）试述无菌操作的体会。

（2）观察接种材料的生长情况，并做好记录。

（3）每隔5d观察材料污染情况，计算污染率，并分析污染原因。

污染率＝污染材料数/总接种材料数×100%

## 7.4 菊花茎尖培养

### 7.4.1 实训目的

1. 学习菊花茎段培养的基本方法和步骤。
2. 掌握外植体材料的选择和消毒方法。

### 7.4.2 材料与用具

1. 材料:菊花带腋芽的茎段。
2. 器具:超净工作台、高压灭菌锅、烧杯、剪刀、镊子、接种工具、光照培养架。
3. 培养基及药品:芽诱导培养基:MS + BA 0.5mg/L;继代培养基:MS + BA 1.0mg/L + NAA 0.1mg/L;生根培养基:1/2 MS + IBA 0.5mg/L。以上培养基均添加蔗糖30g/L + 琼脂7g/L,pH 为 5.8,无菌水、0.1% 升汞、70% 酒精、Tween-20 等。

### 7.4.3 方法与步骤

(1) 培养基配制:按照配方提前配制所需培养基,并及时灭菌备用。

(2) 取材:在晴天的中午或下午,选择优良健壮无病虫害的菊花植株,剪取当年生带饱满而未萌发侧芽的枝条,用自来水冲洗干净,在洗洁精或洗衣粉水中浸泡30min,然后用流水冲洗4h~6h。

(3) 消毒:除去菊花枝条上的叶片,剪成单芽茎段,在超净工作台上用70% 酒精消毒20s~30s,无菌水冲洗 1 次,在 0.1% 升汞溶液中消毒 8min~10min。消毒时要不断地搅动消毒材料,最后用无菌水冲洗4~5次。也可以在灭菌剂中滴加数滴0.1% Tween-20,则消毒效果会更好。

(4) 接种:剪去茎段两端截面,按照无菌操作要求,将1cm~2cm带腋芽的茎段接种到芽诱导培养基上,注意要将芽露出培养基表面。

(5) 培养:菊花培养的适宜温度为22℃~28℃,光照强度1 000lx~2 000lx,光照12h/d~16h/d。当腋芽萌发并长至1cm左右时,将长出的腋芽转入继代培养基上培养,3~4周后形成许多丛生芽。

(6) 生根:当菊花试管苗增殖到一定数量后,可将丛生芽中较大的苗接种到生根培养基上,3周后,有 5~6 条根长出。较小的苗继续在继代培养基上培养壮苗扩繁。

### 7.4.4 实训报告

每隔7d观察1次菊花试管苗的生长情况,并做好记录(包括污染率、萌发时间、转接时间、苗高、增殖系数、生根率、根长等)。根据实验结构写出实训报告。

萌发率 = 萌发的材料数/总接种材料数 × 100%

繁殖系数 = 每瓶形成的有效苗数/接种苗数

生根率 = 生根苗数/总接种苗数 × 100%

# 附录 1　组织培养常用英文缩略语

| 缩　写 | 英 文 名 称 | 中 文 名 称 |
|---|---|---|
| A；Ad；Ade | adenine | 腺嘌呤 |
| ABA | abscisic acid | 脱落酸 |
| BA；BAP；6-BA | 6-benzyladenine, benzylaminopu rine | 6-苄基腺嘌呤 |
| ℃ | degree celsius | 摄氏度（温度单位） |
| CCC | chlorocholine chloride | 矮壮素 |
| CH | casein hydrolysate | 水解酪蛋白 |
| cm | centimeter | 厘米 |
| CM | coconut milk | 椰子汁,椰子乳,椰子液体胚乳 |
| 2,4-D | 2,4-dichlorophenoxyacetic acid | 2,4-二氯苯氧乙酸 |
| 2,4-DB | 2,4-dichlorophenoxybutyric acid | 2,4-二氯苯氧丁酸 |
| DNA | deoxyribonucleic acid | 脱氧核糖核酸 |
| EDTA | ethylenediaminetetra acetic acid | 乙二胺四乙酸 |
| g | gram(s) | 克（质量单位） |
| GA；GA3 | gibberellin；gibberellic acid | 赤霉素;赤霉酸 |
| ha | hectare | 公顷 |
| IAA | indole-3-acetic acid | 吲哚乙酸 |
| IBA | indole-3-butyric acid | 吲哚丁酸 |
| In vitro | | 试管内、离体培养 |
| 2-ip | 2-isopentenyl adenine | 异戊烯基腺嘌呤 |
| kg | kilogram(s) | 千克,公斤 |
| KT；Kt；K | kinetin | 激动素;糠基腺嘌呤 |
| L；l | liter | 升;立方分米（容积） |
| LH | lactalbum hydrolysate | 水解乳（清）蛋白 |

续表

| 缩　　写 | 英 文 名 称 | 中 文 名 称 |
| --- | --- | --- |
| lx | lux | 勒克司(照明单位) |
| m | meter | 米(长度单位) |
| mg | milligram(s) | 毫克 |
| min | minute(s) | 分钟 |
| ml | milliliter | 毫升 |
| mm | millimeter | 毫米 |
| mmol | millimole(s) | 毫摩尔 |
| mol. wt. | mplecular weight | 摩尔重量,分子量 |
| pH | hydrogen-ion concentration | 酸碱度,氢离子浓度 |
| ppm | part(s) per million | 百万分之几 |
| PVP | polyvinylpyrrolidone | 聚乙烯吡咯烷(啉)酮 |
| RNA | ribonucleic acid | 核糖核酸 |
| rpm | | 每分钟转数 |
| s | second(s) | 秒(钟) |
| 2,4,5-T | 2,4,5-trichlorophenoxy acetic acid | 2,4,5-三氯苯氧乙酸 |
| μm | micrometer(s) | 微米,10-6 米 |
| μmol | micromole(s) | 微摩尔,10-6 摩尔 |
| YE | yeast extract | 酵母提取物 |
| ZT；Zt；Z | ziatin | 玉米素 |

# 附录2　常用植物生长激素浓度单位换算表

| 物质名称 | 分子量 | 1 mg/L—μmol/L | 1μmoL/L—mg/L |
|---|---|---|---|
| NAA | 186.20 | 5.371 | 0.1862 |
| 2,4-D | 221.04 | 4.522 | 0.2211 |
| IAA | 175.18 | 5.708 | 0.1752 |
| IBA | 203.18 | 4.922 | 0.2032 |
| BA | 225.26 | 4.439 | 0.2253 |
| KT | 215.21 | 4.647 | 0.2152 |
| ZT | 219.00 | 4.566 | 0.2190 |
| 2-ip | 202.70 | 4.933 | 0.2027 |
| GA3 | 346.37 | 2.887 | 0.3464 |
| ABA | 264.31 | 3.783 | 0.2643 |

# 参 考 文 献

[1] 朱建华.植物组织培养技术[M].北京:中国计量出版社,2002.
[2] 谭文澄.观赏植物组织培养技术[M].北京:中国林业出版社,2000.
[3] 颜昌敬.植物组织培养手册[M].上海:上海科技出版社,1990.
[4] 李云.林花果菜组织培养快速育苗技术.北京:中国林业出版社,2001.
[5] 韦三立.花卉组织培养[M].北京:中国林业出版社,2000.
[6] 熊丽.观赏花卉的组培培养与大规模生产[M].北京:化工出版社,2002.